奇妙的
动植物世界

生物百科

有翅膀不会飞的动物

健 君 著

中州古籍出版社

图书在版编目（CIP）数据

有翅膀不会飞的动物 / 健君著 . — 郑州 : 中州古籍出版社 , 2016.9
ISBN 978-7-5348-6019-5

Ⅰ . ①有… Ⅱ . ①健… Ⅲ . ①动物—普及读物 Ⅳ . ① Q95-49

中国版本图书馆 CIP 数据核字 (2016) 第 055105 号

策划编辑：吴　浩
责任编辑：翟　楠　唐志辉
统筹策划：书之媒
装帧设计：严　潇
图片提供：fotolia
出版社：中州古籍出版社
（地址：郑州市经五路 66 号　电话：0371 － 65788808　65788179
邮政编码：450002）
发行单位：新华书店
承印单位：河北鹏润印刷有限公司
开本：710mm × 1000mm　1/16
印张：8　字数：99 千字
版次：2016 年 9 月第 1 版　印次：2017 年 7 月第 2 次印刷

定价：27.00 元

前言 PREFACE

广袤太空，神秘莫测；大千世界，无奇不有；人类历史，纷繁复杂；个体生命，奥妙无穷。我们所生活的地球是一个灿烂的生物世界。小到显微镜下才能看到的微生物，大到遨游于碧海的巨鲸，它们都过着丰富多彩的生活，展示了引人入胜的生命图景。

生物又称生命体、有机体，是有生命的个体。生物最重要和最基本的特征是能够进行新陈代谢及遗传。生物不仅能够进行合成代谢与分解代谢这两个相反的过程，而且可以进行繁殖，这是生命现象的基础所在。自然界是由生物和非生物的物质和能量组成的。无生命的物质和能量叫做非生物，而是否有新陈代谢是生物与非生物最本质的区别。地球上的植物约有50多万种，动物约有150多万种。多种多样的生物不仅维持了自然界的持续发展，而且构成了人类赖以生存和发展的基本条件。但是，现存的动植物种类与数量急剧减少，只有历史峰值的十分之一左右。这迫切需要我们行动起来，竭尽所能保护现有的生物物种，使我们的共同家园更美好。

本书以新颖的版式设计、图文并茂的编排形式和流畅有趣的语言叙述，全方位、多角度地探究了多领域的生物，使青少年体验到不一样的阅读感受和揭秘快感，为青少年展示出更广阔的认知视野和想象空间，满足其探求真相的好奇心，使其在获得宝贵知识的同时享受到愉悦的精神体验。

生命正是经过不断演化、繁衍、灭绝与复苏的循环，才形成了今天这样千姿百态、繁花似锦的生物界。人的生命和大自然息息相关，就让我们随着这套书走进多姿多彩的大自然，了解各种生物的奥秘，从而踏上探索生物的旅程吧！

目 录 CONTENTS

第一章 退化的翅膀

不会飞的鸟是指已失去飞行能力，翅膀退化的鸟类。这些鸟类用奔跑及游泳的能力，取代了飞行的能力。虽然如此，但人们普遍认为，它们都是由懂得飞行的共同祖先进化而来。除了诸如鸵鸟及鸸鹋等大型的不会飞的鸟仍拥有强而有力的爪去对抗猎食者之外，大部分不会飞的鸟所面对的均为没有太多捕猎者的环境，或是隔绝性的海岛，花费极大气力的飞行已经意义不大了，因此它们在进化过程中逐渐失去了这种能力。

退化后的能力

与大部分能够飞行的鸟类比较，不会飞行的鸟类或是拥有细小的翼骨，或是胸骨上的龙骨缺失了（或大幅度缩小）。细小的翼骨使拍翼的力度锐减，由翼面提供的升力也不足以应付飞行所需；龙骨是翼肌附着的地方，凸起的龙骨大大增加所能附着的翼肌，从而提供拍翼时所需的强大力量。但扁平的胸骨不足以完成上述的任务（所以也常被称作平胸类），因此飞行能力从此失去。此外，不会飞的鸟一般有较多的羽毛，像鸵鸟的羽毛就杂乱丛生。

相比其他地区，新西兰有较多的不会飞的鸟类，如奇异鸟、企

鹅及南秧鸡等。其中一个原因是在人类首次踏足这个土地上时（约1000年前），岛上并没有地栖型的捕猎者，这些不会飞的鸟最大的敌人是大型的猛禽。

不会飞的鸟类在面对人类所造成的威胁时，受到的冲击较大，因此它们面临灭绝的机会也较高；幸运的是它们也较易被圈养保护，简单的栏杆已是有效的工具。人类很早就懂得牧养鸵鸟以取得其羽毛。现在牧养鸵鸟的规模更大，人类用鸵鸟的肉制作食物、用鸵鸟的皮制造皮革制品。

但是，有一种已灭绝的不会飞的骇鸟并不如现在的不会飞的鸟类般单纯。它们强而有力的腿使其具有高速奔跑的能力，由羽翼演化成的肉钩形结构使它们能撕开猎物。在2500万年前，它们一直位列食物链的顶层，直至剑齿虎的出现才有所改变。

有翅膀不会飞的动物

企　鹅

企鹅是海洋性鸟类，身体呈流线型，两翼退化成桨状，主要用于划水，没有飞行能力。它们可以站立行走，但速度很慢。其羽毛短而弯曲，紧密地贴在身上，表面呈鳞状。大多数企鹅的颈和腹部为白色，喙端明显呈钩状。企鹅主要分布在南极洲，在陆地和水域中生活，以鱼类为食。它们通常在地面筑巢，每次产卵1～3枚，雌雄企鹅轮流孵卵。

非洲鸵鸟

非洲鸵鸟体型较大，高可达2米以上。它们的头小，颈长，喙短而平，眼睛较大。成年雌雄鸵鸟羽色不同，雄鸵鸟体羽为黑色，颈部裸露呈肉红色，杂有棕色绒羽；雌鸵鸟及幼鸵鸟的体羽为灰褐色。非洲鸵鸟的腿特别发达，跑起来强劲有力，同时也是其重要的防卫武器。其脚只有两趾，趾下生有厚厚的肉垫，适合在沙漠中奔跑。目前，非洲鸵鸟主要分布在非洲西北部和东南部。

美洲鸵鸟

美洲鸵鸟栖息在南美洲开阔的平原上。与其他种类的鸵鸟相比，它们的体型较大，羽毛都是棕色的。当它们在开阔的草原上奔跑时，也会把翅膀张开，以获得上升气流的助力。美洲鸵鸟会游泳，并常集群到湖泊或河流中饮水和洗浴。它们喜群居，但老年的雄鸟

有时会主动从群体中退出，单独活动。在繁殖季节，雄鸵鸟之间常为争夺配偶而互相用力踢对方。

美洲小鸵

美洲小鸵也称小美洲鸵，身高90厘米左右，是鸵鸟中最小的一种。美洲小鸵的体色为灰褐色，间杂一些棕色。它们的尾羽已退化，足有3趾，善奔跑。其习性与美洲鸵鸟十分相近。美洲小鸵主要分布于阿根廷、秘鲁、玻利维亚、智利等地，栖息于稀疏林地、灌木丛和草原，以植物和小动物为食。

鸸　鹋

鸸鹋的体形较大，主要生活在较开阔的半沙漠地区、草原和林地中。鸸鹋是澳大利亚个子最高的鸟，身高约1.5～2米。在其棕灰色羽毛的映衬下，暗蓝色的喉部十分显眼。它们的翅膀短小，隐藏在长而蓬松的体羽下。雌鸟体形比雄鸟略大。鸸鹋善跑，奔跑的速度可以高达每小时48千米。鸸鹋以植物种子和昆虫为主食，因此常被认为是农田的害鸟。

几维鸟

几维鸟的头很小，眼睛也小，头颈部披羽毛，喙长，且下部弯曲成圆筒状，鼻孔在喙的端部，并有硬的嘴须，触觉十分敏锐。几维鸟的耳孔很大，听觉灵敏。它们的体羽呈柳叶状，后端纵裂，缺少羽干，没有坚硬的廓羽。它们多栖息在山地

密林中，喜群居，主要以蠕虫、昆虫和落地浆果等为食，属夜行性鸟。目前，几维鸟仅分布在新西兰。

食火鸡

食火鸡，学名鹤鸵，主要栖息在澳大利亚和巴布亚新几内亚的热带雨林中。它们的翅膀短小，头部裸露，颈部有红蓝色的垂肉，且垂肉的颜色会随着年龄增长而发生变化。当受到惊扰时，食火鸡常钻入密林中，这时，它头顶的角质冠便起了保护作用。除繁殖期成对活动外，它们平时都单独活动。食火鸡善奔走，会游泳，而且好斗。它们以植物和小动物为食。

第二章
南极的象征：企鹅

企鹅是地球上数一数二的可爱动物。世界上的企鹅，全分布在南半球，生活在南极与亚南极地区的企鹅有将近10种，其中在南极大陆海岸繁殖的有2种。

和鸵鸟一样，企鹅是一种不会飞的鸟类。虽然现在的企鹅不能飞，但根据化石显示的资料，最早的企鹅是能飞的。直到65万年前，它们的翅膀慢慢演化成能够下水游泳的鳍肢，成为目前我们所看到的企鹅。

肥胖的鸟

企鹅是一种极为可爱的鸟类，属鸟纲企鹅目企鹅科。

企鹅身体肥胖，原名“肥胖的鸟”——因为经常立于岸边远眺，好像是在企望着什么——人们便把这种鸟类称为企鹅。

1488年，葡萄牙水手在靠近非洲南部的好望角第一次发现了企鹅。不过历史上最早记载企鹅的却是意大利学者安东尼奥·皮格菲塔——在1520年搭乘麦哲伦船队途经巴塔哥尼亚海岸时遭遇大群企鹅，当时的人们称之为“不认识的鹅”。1620年法国的比利船长在非洲南端首度惊见能够潜游捕食的企鹅时，则称之为“有羽毛的鱼”。

企鹅通常被当作南极的象征——世界上共有将近20种企鹅——皆分布于南半球：南极与亚南极地区有将近10种——在南极大陆海岸繁殖的有2种，其他分布于南极大陆海岸与亚南极之间的岛屿上。其中我们比较熟悉的是生活在南极冰原上的“穿着燕尾服的绅士”——王企鹅和阿德利企鹅。

企鹅身体臃肿，脚生长在身体的最下部，以直立的姿势行走。企鹅趾间有蹼，特征为不能飞翔，前肢成鳍状，羽毛短，羽毛间存有一层空气，用以隔热。企鹅背部为黑色，腹部为白色。各种类之间的主要区别在于其头部色型和个体大小。企鹅全身羽毛黑白相间，外表可爱；体羽为鳞片状，均匀布于体表；善于游泳、潜水；经常以极大数目的族群出现。

与鸵鸟类似，企鹅也是一种不能飞翔的鸟类。

CCTV的《动物世界》节目，片头是法国著名流行电子乐队——Space的一曲*Just Blue*，天马行空、动感十足，与片尾英国sky乐队音律流畅、热情奔放的*We Stay*珠联璧合、相映生辉。这档节目近距离、长时间地陪伴着很多人度过了美好的时光，给人们留下了深刻的印象。

在累年不换的片头曲目映衬之下，屏幕上总会出现大群企鹅聚集在一起——仿佛是打摆子——集体摇摆晃动的镜头。

企鹅的生活习性

在地球南端有一个发现最晚，迄今无人定居，唯一没有开发的处女地，那就是南极洲。南极洲总面积约1400万平方千米，占世界陆地面积9.4％。那是一个冰雪世界，几乎整个大陆被白茫茫、厚厚的冰雪所覆盖，连海洋中也到处漂浮着白皑皑的冰山。

南极洲为数最多的陆上动物是企鹅。企鹅的样子很特别，胖乎乎的，肚子全是白色，背部全是黑色。翅膀已经退化，再也飞不起

来了，只好在陆上行走。它腆着大肚子，迈起四方步，那大摇大摆的模样，颇有绅士的风度。企鹅的脾气温和憨厚。它们集体群居，不争不吵，遇上生人，态度友善，只要你不伤害它们，它们很乐意与你亲近。它们常远远站在冰天雪地之中，昂着头，似乎在企盼什么，人们给它们“企鹅”这个雅号，真是再恰当不过了。

南极有一种身高1米多、体重40多千克的帝企鹅，它们的确像企鹅之王，但它们并无特权，打洞也好，觅食也好，出力反而更多。帝企鹅都以鱼类为食，它们跳进水中捕鱼的时候，那灵活自如的神态，会使你大为惊叹。

企鹅双眼由于有平坦的眼角膜，所以可以在水中看东西。双眼把看到的影像传至脑部，然后发现食物来源。

企鹅是一种鸟类，因此没有牙齿。企鹅的舌头以及上颚有倒刺，便于吞食鱼虾等食物，但它并不是牙齿。

企鹅一大半时间都潜在水里觅食，食量很大，难怪长得那么肥胖。到了严冬季节，它们便成双成对长途跋涉几百千米，返回故里

“生儿育女”。雌企鹅把产下的蛋交给雄企鹅孵化，自己仍回到水中觅食。雄企鹅接过蛋后，用脚捧住抵在腹下，再从腹部垂下一片皮把蛋紧紧裹住，用体温孵化。任凭寒风吹，冰雪打，雄企鹅既不吃也不喝，一动也不动。经过两个多月，小企鹅破壳而出。雌企鹅又返回来，领走自己的小宝宝，以后的抚养、教育全由雌企鹅一手操办。雄企鹅饿了两个月，身体已有些消瘦，但没有关系，只要跳入水中觅食，它很快就会康复，又变成胖乎乎的模样。

天生的游泳健将

企鹅的鳍肢不能飞却适宜在水中划行。而在雪地上，企鹅又把鳍肢当雪橇飞快滑雪，能以每小时30千米的速度前进。企鹅在快速游泳时，为了呼吸，总要不时地跃出水面，然后再钻入水中，起伏疾驶，以保证速度不降低。它们在水中行进时，时速可超过30千米。

企鹅的所有种类在结构和体羽方面非常相近，只是在体型和体重上差别较大。它们背部的羽毛主要为蓝灰或蓝黑色。但有些种类却能够在繁殖地和公海之间进行长途跋涉。企鹅的骨骼相对较重，大部分种类的骨骼略比水轻，由此减少了潜水时的能耗。企鹅的喙短而强健，能够有力地攫取食物。帝企鹅和王企鹅的喙长而略下弯，也许是为了适应在深水中捕食快速游动的鱼和乌贼。

除了保证游泳的效率，企鹅还必须在寒冷、接近冰点的水中做好保温工作。为此，它们不仅“穿”有一件厚密且防水性能极佳的羽衣，而且在鳍状肢和腿部还有一层厚厚的脂肪，以及一套高度发达的血管“热交换”系统，确保从露在外面的四肢流回的静脉血被流出去的动脉血所温暖，从而从根本上减少热量的散失。生活在热带的企鹅则往往容易体温过高，所以它们的鳍状肢及裸露的脸部皮肤面积相对较大，以散发多余的热量。此外，它们也会穴居在地洞内，尽量避免直接暴晒于太阳底下。

企鹅的温暖集体

企鹅喜欢群居，一群有几百只，几千只，最多者甚至达一二十万只。在南极大陆的冰架上，在南大洋的冰山和浮冰上，人们都可以看到成群结队的企鹅聚集的盛况。有时，它们排着整齐的队伍，面朝一个方向，好像一支训练有素的仪仗队，在等待和欢迎远方来客；有时它们排成距离、间隔相等的方队，如同团体操表演的运动员，阵势十分整齐壮观。

企鹅性情憨厚、大方，十分可爱。尽管企鹅的外表显得有点高傲，甚至盛气凌人，但是，当人们靠近它们时，它们并不望人而逃，有时好像若无其事，有时好像羞羞答答，不知所措，有时又东张西望，交头接耳，叽叽喳喳。那种憨厚并带有几分傻傻的神态，真是惹人发笑。

绝大部分企鹅都是高度群居的，无论是在陆地上还是在海里。它们通常进行大规模的群体繁殖，仅对自己巢址周围的一小片区域进行领域维护。在密集群居地繁殖的阿德利企鹅、纹颊企鹅、白眉企鹅和角企鹅属中，求偶行为和配偶辨认行为异常复杂，而那些在茂密植被中繁殖的种类如黄眼企鹅则相对比较简单。南非企鹅尽管生活在洞穴内，却通常成密集的繁殖群繁殖，具有相当精彩的视觉和听觉炫耀行为。而小企鹅则因所居的洞穴更为分散，炫耀行为较为有限。这些企鹅的群居行为很大程度是围绕巢址而展开的。相比之下，没有巢址的帝企鹅只对它们的伴侣和后代表现出相应的行为。

企鹅号声般的鸣叫在组序和模式上各不相同，这为个体之间相互辨认提供了足够的信息。因此即使是在有成千上万只企鹅的繁殖群中，它们也能迅速辨认出对方。例如，一只返回繁殖群的王企鹅在走近巢址时会发出鸣叫，然后倾听反应。王企鹅和帝企鹅是唯一通过鸣声就能迅速辨认配偶的企鹅。

许多企鹅种类复杂的炫耀行为通常见于繁殖期开始时，即求偶期间。大部分企鹅一般都与它们以前的伴侣配对。在一个黄眼企鹅的繁殖群中，61％的配偶关系能够维持2～6年。雄企鹅在繁殖期来临时先上岸，建立繁殖领域，不久便会有雌企鹅加入，既可能是它们原先的伴侣，也可能是刚吸引来的新配偶。

仅有帝企鹅和王企鹅为一窝单卵，其他企鹅种类通常一窝产两枚卵。在黄眼企鹅中（情况很可能更为普遍），年龄会影响生育能

力。在一个被研究的群体中，2岁、6岁和14～19岁的企鹅孵卵成功率分别为32％、92％和77％。在产双卵的种类中，卵的孵化常常是不同步的，先产下的、略大的卵先孵化。

这种优先顺序会引发“窝雏减少”现象（窝雏减少是一种普遍的适应现象，目的在于保证当食物匮乏时，体型小的雏鸟迅速夭折，而不致对另一只雏鸟的生存构成威胁），通常使先孵化的雏鸟受益。然而，在角企鹅属中，先孵化的卵远小于第2枚卵，但同样只能有1只雏鸟被抚养。唯独黄眉企鹅通常是2枚卵孵化后都生存下来。对于这一不同寻常的现象，尽管人们提出了数种假设来予以解释，却没有一种解释完全令人满意。

在绝大多数企鹅中，育雏要经历两个不同的时期。第一个是“婴儿时期”，时间为2～3周（帝企鹅和王企鹅为6周），期间一只亲鸟留巢看护幼小的雏鸟，另一只亲鸟外出觅食。接下来则为“雏鸟群时期”，此时，雏鸟体形变大了，活动能力增强了，当双亲都外出觅食时便形成了雏鸟群。阿德利企鹅、白眉企鹅、帝企鹅和王企鹅的雏鸟群有可能为规模很大的群体。而纹颊企鹅、南非企鹅以及角企鹅属的雏鸟群较小。

在近海岸捕食的种类如白眉企鹅，每天都给雏鸟喂食。而阿德利企鹅、纹颊企鹅和角企鹅类，由于一次离开海上的时间经常会超过几天，因而它们喂雏的次数相对就少。帝企鹅和王企鹅会让雏鸟享用大餐，但时间间隔很长，每三四天有一顿就不错了。小企鹅与众不同，它给雏鸟喂食是在黄昏后。作为企鹅中最小的种类，可以想象小企鹅的潜水能力也最为薄弱，它们更多地在傍晚时分捕食，因为傍晚时猎物大量集中在近水面处。

企鹅的胃口不错，每只企鹅每天平均能吃0.75千克食物，其食物主要是南极磷虾。因此，企鹅作为捕食者在南大洋食物链中起着重要作用。企鹅在南极捕食的磷虾约3317万吨，占南极海鸟类总消耗量的90％，相当于鲸鱼捕食磷虾的一半。

雏鸟生长发育很快，尤其是南极洲的那些种类。随着雏鸟年龄的增大，每餐摄入的食物量迅速增多，在体型大的种类中，雏鸟一顿可摄入1000克以上的食物。而即使是在小体型的企鹅中，幼雏的食量也十分惊人，它们能够轻松消灭500克的食物。很大程度上，正是因为幼年企鹅的快速发育，它们看上去像梨形的食物袋，下身大、头小。

雏鸟完成换羽后，开始下海。在角企鹅属中，会出现大批企鹅迅速从繁殖群居地彻底离去的现象（几乎所有的企鹅在一周内全部离开），亲鸟自然也不再去照顾雏鸟。而在白眉企鹅中，学会游泳的雏鸟会定期回到岸上，因为至少在2～3周内，它们还要从亲鸟那里获得食物。在其他种类中，也会出现类似的亲鸟照顾现象，但雏鸟由亲鸟在海里喂养则不太可能。

一旦雏鸟羽翼丰满，它们很快就会离开群居地，直至回来进行初次繁殖。企鹅的幼鸟成活率相对较低，特别是在换羽后的第一年以及繁殖期前这段时间，仅有51％的阿德利企鹅的幼鸟能够在第一年中存活下来。不过，这种低幼鸟成活率因高成鸟成活率得到了弥补。如帝企鹅和王企鹅的成鸟成活率估计为91％～95％，与其他大型海鸟类基本持平。小型企鹅的成鸟成活率较低一些，如阿德利企鹅为70％～80％，长眉企鹅和小企鹅为86％，黄眼企鹅为87％。

曾经会飞的企鹅

企鹅为什么出现在南极？它们的祖先是谁呢？

这个问题困扰了科学家很多年，有一种说法认为南极洲的企鹅来源于冈瓦纳大陆裂解时期的一种会飞的动物。

大约距现在2亿年以前，冈瓦纳大陆开始分裂、解体，南极大陆分离出来，开始向南漂移。此时恰巧有一群会飞的动物在海洋上空飞翔，它们发现了漂移的南极大陆这块乐土，于是盘旋着、观看

着，最后降落到这块土地上。最初，它们在那里过着丰衣足食的生活，然而好景不长，随着大陆的南下，越来越冷，它们想飞也无处飞了，四周是茫茫的冰海雪原，走投无路的它们只好安分守己地待在这块土地上。不久南极大陆到了极地，日久天长，终于盖上了厚厚的冰雪，原来繁盛的生物大批死亡，唯有企鹅的祖先活了下来。但是，它们却发生了脱胎换骨的变化，由会飞变成不会飞，原来宽阔蓬松的羽毛变成了细密针状的羽毛，原来苗条细长的躯体也变得矮胖了。企鹅的生理功能也发生了极大的变化，抗低温的能力增强了。随着岁月的流逝，世纪的更替，它们终于变成了现代的企鹅，成为南极地区的土著居民。

摇摆身体的企鹅

大群的企鹅聚集在一起左右摇动身体既不是游戏也不是锻炼，而是为了排泄身体里多余的盐分：海产或者沿海生活的动物，由于食物来自海洋，致使体内盐分过高，排盐遂成为此类动物必须解决的重要问题。

盐腺是海产软骨鱼类、爬行类以及鸟类的排盐腺体。盐腺分成若干叶，每叶皆有一条中央管，中央管上又有许多分泌小管，各个中央管汇集至总导管，开口在体外。

不同的动物，盐腺开口的部位也不同：海蛇的盐腺开口在口腔舌下；海蜥蜴等的盐腺开口在鼻腔前部。海鸟的盐腺因为开口在眼眶，所以又叫眶腺。

盐腺平时不分泌，只有在相关动物喝下海水或者吃了含盐较多的食物之后才开始分泌。分泌物的主要成分是氯化钠，比海水的浓度还要大，有机物很少。分泌细胞中含有大量的线粒体，与哺乳动物肾小管细胞的构造非常相似。

爬行类和鸟类肾脏的浓缩能力很差——例如海龟、企鹅，但是它们具备盐腺，并且分泌物中的钠浓度远超过海水的钠浓度；海产哺乳动物没有盐腺——例如海豚，但其肾脏的浓缩能力强，同样可以通过排泄物排出体内过多的盐分。

而肾脏浓缩能力差且又无盐腺的动物不能喝海水——因为排出盐分的同时如果附带排出大量的水分，有导致脱水的危险——我们人类即是一个很好的例子（海水的平均盐分浓度为3.5%，适用于哺乳类动物和人体的生理盐水浓度为0.9%）。

企鹅以鱼、贝等海产动物为食，同时饮用海水补充水分，食物中的盐分很高。进食之后，体液的渗透压逐渐增高，这就需要通过盐腺排出体内多余盐分来保持体液的渗透平衡（适用于鸟类的生理盐水浓度为0.75％）。

企鹅的盐腺位于头部眼窝附近，盐腺在分泌的同时，企鹅会摇动身体，使盐分尽快地甩出面部、离开身体——神奇吧！

企鹅主要生活在南极，气候寒冷。

企鹅全身羽毛密布：密度相较同样体型的鸟类大34倍，而且羽毛短小，便于减少摩擦；羽毛间隔存留部分空气——可以绝热、调节体温；另外皮下脂肪厚达2～3厘米。以上种种特殊的保温设备，使企鹅在零下数十摄氏度的冰天雪地中，仍然能够自在生活。

尽管如此，为了尽可能地减少消耗，大群的企鹅还是愿意聚集在一起。简而言之，聚集的目的就是为了节约能量、保持体温。

不会迷路的企鹅

识途的企鹅

在南极的茫茫雪原冰盖上，胖乎乎的企鹅，走起路来一摆一摆，模样煞是可爱。虽然是鸟类，但是它们没有长长的羽毛，也不会飞。不过，企鹅可是鸟类中的游泳高手，每小时游上十几千米不成问题。

南极的11月，白雪皑皑，晴空万里，长达半年的白昼到来了。雌、雄企鹅带着小企鹅远离故乡，千里迢迢地向海洋觅食去了。而当第二年2～3月份南极寒夜来临时，企鹅的一家又回到了故乡。

令人惊奇的是，广阔无边的南极大陆是一片白茫茫的冰雪原野，地上什么标志也没有，而企鹅是怎么前进的，为什么总不迷路呢？

企鹅识途的探索

多少年来，为了揭开这个谜，科学家在南极进行了各种各样的实验。科学家在企鹅繁殖地捉了5只企鹅，并在它们身上作了标志，然后用飞机将它们运到远离故乡1500千米外的一个海峡，从5个不同地点把它们放走，10个月后，这5只企鹅竟然不约而同地全部返回了故乡，这真是太奇妙了。

科学家还在乌云蔽日时，将企鹅放走，当早晨6点钟时，它们会全体面向自己右边的太阳，因为那儿是正北方。12点过后，太阳渐渐移到它们左边，它们却不受影响，仍然面向北方。

为什么企鹅总是向着北方前进呢？有人认为，从南极大陆通向海洋的方向都是北方，它们每年离开故乡都是向北方前进，返回故乡时，要调转180°，久而久之形成了一种习惯。

通过多年的研究，动物学家终于发现了其中的奥秘。原来，企鹅可以通过太阳辨别出方位，进而找到自己的“故乡”。不过，新的问题随之而来，由于太阳的位置是在不断变化的，企鹅体内必须具备能够调整辨识太阳位置的生物钟系统才行。

那么，这个系统真的存在么？又是怎样工作的？太多的问题等待着专家们去揭开谜底。

神奇的企鹅抗寒能力

不畏严寒的“小鸟”

秋风渐起，当繁殖地气候即将变冷时，许多候鸟纷纷迁徙到温暖的南方过冬。而在终年冰雪覆盖的南极大陆上，却安然地生活着不怕冷的鸟类——企鹅。

企鹅是适应严寒水域生活的一类鸟类。它们全身被覆着像鳞片形状的羽毛，又浓密又厚实。它们的双翅已经转变成发达的鳍脚，用来划水，企鹅也因此失去了飞行的能力。它们一生中约有3／4的时间是在水中度过的。企鹅的后肢短，趾间有蹼，行走时摇摇摆摆，在水中速度却很快。它们划动着鳍脚，潜入海中捕食。有时也利用高速游泳产生的惯性力量，由海中直接蹿上高一两米的冰岸。

企鹅有着令人惊奇的调节新陈代谢的能力。它的肌体组织能十分协调地使用自己的能量。它用血液来协调身体各个部分的活动，包括心、脑、肌肉等，而其他组织的活动则十分平缓。这也使它们即使生活在冰冷的南极水域，依然维持着正常的肌体机能。

企鹅一点也不怕人，所以当南极科学考察队员乘坐的船只到达岸边时，人们看到冰岸上成群的企鹅昂首直立，迎向人群，显得十分有风度。

企鹅为何如此抗寒

企鹅抗寒的能力究竟来自何方？这个问题一直困扰着人们，有关专家争论不休，却始终无法形成统一的认识。

有的动物学家认为，企鹅全身披着的浓密、厚实的羽毛，还有一层肥厚的脂肪层在起作用，有效地保持了企鹅的体温。

还有一些动物学家认为，企鹅抗寒的秘密在于它们体内有一个逆流热交换系统。这个位于企鹅下肢内相邻的动脉和静脉之间的系统，能够平衡流出和流回心脏的血液问题，减缓企鹅自身热量的丧失速度。

相当一部分动物学家综合了上述观点，提出了一种折中的意见。他们将企鹅能在寒冷的南极安然地生活的原因归结为多个方面，是综合作用的结果。

企鹅的身体构造，就好像是穿着一身多层的“防寒保温服”，从外到里，第一层是厚密的“羽绒服”。企鹅全身都均匀地布满了羽毛，这些羽毛密密实实，甚至连无孔不入的海水都很难渗透进去。第二层是脂肪层，分布在皮下，厚达3厘米。第三层是血管网，企鹅体内的血管就像一张奇妙的网，从心脏流出的血和流回心脏的血温度基本相同，这使其体内的温度保持不变。

当气温下降到-10℃的时候，它们就会把热量消耗降低到最低点，从而节省和保存大量的热量。如果气温再往下降低，它们就成千上万的紧紧挤在一起，一圈一圈地围着转，使每一只企鹅都能转

到核心位置，轮流取暖。

企鹅非常能够适应南极寒冷的气候，它那特殊的羽衣，不但海水难以浸透，就是气温在接近-50℃，也休想攻破它保温的防线。

企鹅有很多种类，分布在南极冷洋流可及的南美洲、大洋洲以及南极圈内外的各个岛屿上。在南极常见的大型企鹅是王企鹅，它们常迈着绅士般的步伐，行走在冰天雪地的南极大陆上。

企鹅家族中最小的企鹅是仙企鹅，它们居住在澳大利亚南海岸的菲利普岛上。

无论体形是大还是小，企鹅坚硬、光滑的“羽被”、肥厚的脂肪层、独特的机体代谢能力，都令它们成为居住在极寒地区而不畏严寒的鸟类。

企鹅运动的启发

一般的车辆到了白雪覆盖的路面上，就会因为雪地摩擦力小而寸步难行。而生活在南极的王企鹅在行走中扑倒在地上，用两只脚蹬地前进，时速可以达到30千米。科学家们利用王企鹅的这种姿势，发明了极地越野车。这种车的原理是宽阔的底部贴地，转动的轮勺扒雪前进，时速可达50千米。

企鹅家族

“大个子”的帝企鹅

帝企鹅是现存企鹅家族中个体最大的，是企鹅世界中的巨人。帝企鹅身高在1米左右，体重约40千克，身上长着浓密、紧凑、厚

实而重叠的羽毛层。皮下还有厚厚的脂肪层，起着保持体温的作用。它可以像海豚似的游泳，时速达48千米；可以潜入10多米深的水下捕鱼十多分钟；可以在冰雪中卧地滑雪，时速达30千米。帝企鹅栖息于海洋和陆地上，喜结群、善游泳和潜水，不能飞，行走笨拙。

帝企鹅的喙呈赤橙色；脖子下有一片橙黄色羽毛，向下逐渐变淡，就像是系在其颈部的领结；帝企鹅的耳后也有橙黄色羽毛，较颈部颜色更深。

帝企鹅全身色泽协调，背呈黑色、腹部呈白色，就像一位绅士，穿着白色的衬衫，搭配了一件合体的燕尾服。

帝企鹅分布在南极大陆位于南纬66° ~77° 之间的许多地方，例如靠近威德尔海的科茨地区和靠近罗斯湾的维多利亚地区，帝企鹅的数量都相当多。

不过，帝企鹅现存数量也仅有10万只。

★ 你知道帝企鹅是怎样繁殖的吗？

帝企鹅分布于南极边缘地区，每年4月当太阳从地平线上消失时，南极的冬夜来临了，野生动物都离开了南极大陆，只有帝企鹅留了下来开始交配繁殖。

帝企鹅是在南极大陆沿岸一带过冬的鸟类，并在冬季繁殖。

帝企鹅孵卵时由雄企鹅将卵放在两脚的蹼上并用肚皮盖住，在此期间，雄企鹅停止进食，完全靠脂肪维持生命，直到幼企鹅孵出。

企鹅的繁殖正是在南极的黑夜季节下进行的，孵化期约2个月，当白昼来临时，雏鸟已经出壳，此时雌企鹅也从海边返回，与雄企鹅共同饲喂雏鸟。

★ 帝企鹅的“拳击赛”

动物在繁殖季节，两雄相争斗的场面很多。如雄鹿用树杈状的角相斗，两只雄海豹战斗时能打得遍体流血，等等，然而两雌相争是比较少见的。

在南极考察中，科学家发现雌性帝企鹅有好斗的习性。两只雌企鹅面对面地站在冰雪上，挥动鳍脚互相拍打，好像一场拳击赛，一只雄企鹅站在中间好像是拳击场上的裁判。

★“拳击”胜利者的任务

“拳击”胜利的雌企鹅与雄企鹅交配后生下蛋交给雄企鹅孵化，这时雄企鹅把蛋用双脚夹住，放在下腹部的孵卵囊内孵化，孵卵囊由裸露的网状皮肤构成。

七、八月的南极气温可达−50℃，雄企鹅在冰雪上孵卵长达60～70天，在此期间它不吃食物，全靠消耗自己体内的脂肪维持生命。

雌企鹅凭着健壮的身体游向大海去觅食。等雌企鹅返回原地时，小企鹅已经出世了，雌企鹅已养得体态丰满，用嗉囊里吐出来的分泌物喂养小企鹅，雄企鹅由于长期绝食，已经“骨瘦如柴”，见到雌企鹅已经在喂着小企鹅了，才跌跌撞撞奔向大海去饱餐一顿。

优雅的王企鹅

王企鹅又名国王企鹅，在人们没有发现帝企鹅之前，被认为是企鹅家族中个头最大的成员。

王企鹅的身长大约为90厘米，体重约为11～16千克。

王企鹅从外形上来说与帝企鹅非常的相似。王企鹅的嘴巴细长，头上、喙、颈部呈鲜艳的橘黄色，且颈下的橘黄色羽毛向下和向后延伸的面积较大，极为艳丽。

王企鹅在南极企鹅中是姿势最优雅、性情最温顺、外貌最漂亮的。王企鹅虽然步行摇摇摆摆很笨拙，但遇到敌害时，可以将腹部贴于冰面，以双翅快速滑雪，后肢蹬行，速度很快。

憨态可掬的巴布亚企鹅

巴布亚企鹅又名金图企鹅、白眉企鹅，是继帝企鹅和王企鹅之后体型最大的企鹅物种。

巴布亚企鹅的嘴细长，呈红色，身长60～80厘米，重约6千克。在巴布亚企鹅的眼睛上方有一个十分明显的白斑。

巴布亚企鹅憨态可掬，行为十分可爱有趣。

巴布亚企鹅被称为是“企鹅中的战斗机”，是企鹅家族中的游泳高手，其最高游速可达36千米／时。

巴布亚企鹅主要分布于哥伦比亚、委内瑞拉、苏里南、厄瓜多尔、秘鲁、玻利维亚、巴拉圭、巴西、智利、阿根廷、乌拉圭以及马尔维纳斯群岛、南极大陆、南极半岛以及南乔治亚岛等若干座岛屿上。

大型企鹅的极地生存策略

帝企鹅繁殖时面临的是鸟类所可能遭遇的最寒冷恶劣的气候条件：一望无际的冰封的南极大陆，平均气温为-20℃，平均风速为25千米／小时，有时甚至可达75千米／小时。每年南半球的秋季（3～4月），帝企鹅在南极大陆沿海那些坚固可靠的海冰上形成繁殖群居地，为此，它们可能需要在冰上行走100千米以上才能到达繁殖点。求偶期过后，每只雌鸟在5月产下1枚很大的卵，然后由雄鸟在接下来的2个月里孵化，这段时间雌鸟回到海里。雏鸟孵化后，由双亲共同抚养，为期150天，从冬末至春季。这样，雏鸟在海冰再次出现之前的夏季便可以独立生活。

这样的繁殖安排容易让人产生两方面的疑问：其一，帝企鹅为何要在一年中最恶劣的季节里抚育后代？其二，帝企鹅是如何在严冬中生存的？

第一个问题的答案似乎是：倘若帝企鹅在南极的夏季（仅有4个月）进行繁殖，那么当冬季来临时，它们漫长的繁殖周期还没来得及结束。这样，雏鸟在暮春换羽时体重只长到成鸟的60％，这个比例对任何换羽的企鹅而言，无疑都是最低的，因此幼鸟的死亡率会很高。

帝企鹅在恶劣条件下的生存之道，表现为生理上和行为上的高度适应性，从根本上而言，这都是为了将热量散失和能量消耗降到最低限度。帝企鹅的体型使它们的表面积与体积之比相对较低，同时它们的鳍状肢和喙与身体的比例要比其他所有的企鹅种类低25％。它们的血管热交换系统极度发达，其分布的广泛程度是其他企鹅的两倍，从而进一步减少了热量散失。血液流往足部和鳍状肢的血管与血液流回内脏的静脉紧紧相邻，这样，回流的血液可以被保温，而往外流的血液则被冷却，从而将热量的散失降至最低。

帝企鹅还在鼻孔中回收热量，即在吸入的冷空气和呼出的热空气之间进行热量交换，从而可以将呼出的热量保留约80％。此外，它们身上长有多层高密度的长羽毛，能够完全盖住它们的腿部，为它们提供了一流的保温设施。

由于冬季南极冰川一望无垠，海面就变得很遥远，因此企鹅觅

食就变得非常困难。于是，帝企鹅待在巢内的新陈代谢速度就减缓，漫长的禁食期也势在必行——雄企鹅的禁食期可达115天，雌企鹅的禁食期为64天。帝企鹅庞大的身体令它们可以贮存充足的后备脂肪，来应对这段食物短缺期。

不过，帝企鹅最重要的适应性表现为集群。它们尽可能地不活动，一大群一大群地聚在一起，多的可达5000只，密度达到每平方米10只。如此一来，无论是成鸟抑或雏鸟，个体的热量散失都可以减少25％~50％。集群作为一个整体会缓慢地沿顺风方向移动，而其内部也存在着有规律的移动：位于迎风面的帝企鹅沿着集群的侧面前移，然后成为集群的中心，直至再次位于队伍的后面。这样就没有个体一直处于集群的边缘。这种流动方式对帝企鹅来说之所以可行，全是因为它们具有足部带卵移动的能力，在脚上的卵由袋状的腹部皮肤褶皱所遮盖和保暖。帝企鹅适于群居的另一个重要特征表现为，它们几乎不会做出任何具有攻击性的行为。

另一种大型企鹅王企鹅则进化出了一种截然不同的方法来解决

在短暂的夏季进行繁殖的难题。它们通常每三年中利用一年成功繁殖一次，而其他两年很少繁殖成功。它们有两次主要的产卵期，分别在11～12月和次年2～3月，这期间会产下单个很大的卵，由双亲共同承担孵卵和守护的任务。一旦雏鸟孵化，雌雄企鹅便实行轮流照顾，一般每隔数天就换一次班。

在任何一个王企鹅的繁殖群居地，大部分时期内都既有换羽的成鸟、待孵的卵，也有生长发育中的雏鸟。因卵产期在11～12月，所以到次年4月，雏鸟的体重已发育至成鸟的80％，然后在冬季再得到一些间断性的喂养（因为冬季要经历两个月左右的禁食期，雏鸟总的体重会减轻近40％）。9月，雏鸟恢复有规律的进食，一直持续至12月离开亲鸟为止。然后成鸟开始换羽，直到次年的2～3月才能再次产卵。这时产下的卵孵出的雏鸟在冬季来临时还很小，并且要到次年1～2月才能长全羽毛。事实上，这个阶段孵出的雏鸟死亡率很高。

第三章
恐龙时代的动物：鸵鸟

鸵鸟，鸟纲鸵鸟目鸵鸟科。

鸵鸟是世界上现存最大的鸟类，特征为头小、脖子长而无毛、足有二趾。雄鸟身高可达2.5米，最大体重可达155千克；其两翼退化，不能飞翔，但奔跑时速可达70千米。

鸵鸟分布于非洲与美洲，栖息在开阔的热带草原和沙漠地带。

体形最大的鸟

鸵鸟是现在鸟类中体形最大的鸟，属鸵形目鸵鸟科，主要分布在非洲。鸵鸟主要以植物为食，有时也能捕捉一些动物，它可以在很长时间不喝水，喜欢气候干燥、昼夜温差较大的环境。鸵形目中包括非洲鸵鸟、美洲鸵鸟、澳洲鸵鸟、鹤鸵等。由于种类不同，各种鸵鸟的体型、肤色和蛋都有差别。

鸵鸟属恐龙时代的动物。上新世时期（大约500万年以前），鸵鸟在地球上广泛分布。在俄罗斯的南部、印度和我国的中部和北部地区，都曾发现过鸵鸟化石。西非鸵鸟和阿拉伯鸵鸟已属濒危动物。也有人认为，产于叙利亚和阿拉伯半岛的叙利亚鸵鸟已在1941年灭绝，所以鸵鸟已成为稀有动物了。

从形体上看，雄性成鸟身高可达2.5米，不过它的头颈几乎占去了身高的一半，体重可达155千克，雌性的体型稍小一些。虽然鸵鸟也叫作鸟，但是它只善跑而不会飞。鸵鸟的羽毛柔软，没有羽支。雄鸟一身乌黑发亮的体羽与它两侧长长的白色“飞”羽形成鲜明对比，这使它显得异常醒目，白天离很远的距离都能看到它。雌鸟及幼鸟则为棕色或灰棕色，这样的颜色具有很好的隐蔽性。刚孵化的雏鸟则为淡黄褐色，带有深褐色斑点，背部隐隐有一小撮刚毛，类似刺猬。

鸵鸟的颈很长，且极为灵活。鸵鸟头小，眼睛非常大，视觉敏锐。它的腿赤裸，修长而强健，每只脚上仅有两趾，脚前踢有力，是不知疲倦的走禽。

因为步伐大、脖子长、啄食准，鸵鸟能够非常高效地觅得食物。它们食多种富有营养的芽、叶、花、果实和种子，这样的觅食方式与其说像鸟类，不如说更像食草类的有蹄动物。多次进食后，食物

塞满鸵鸟的食管，于是食物团就像一个大丸子一样（即“食团”）沿着其颈部缓慢下滑，由于食物团近200毫升，因此下滑过程中颈部皮肤会绷紧。鸵鸟的砂囊可以至少容下1300克食物，其中45％可能是砂粒或石子，用以帮助其磨碎难消化的物质。

鸵鸟成群活动，数量大约有5～50只，喜欢和在草地上吃草的动物做伴。鸵鸟虽然看起来很强壮，但它们却很胆小，一遇到风吹草动就开溜，奔跑的速度及耐力非常惊人。鸵鸟主要依靠强壮的双脚逃避敌人，主要逃避大型的猛兽。受惊的鸵鸟逃跑的时候速度可达到每小时65千米。被逼急了的时候，它们还会用脚来踢敌人，给对方造成很大的威胁。出生不久的小鸵鸟就能快速地奔跑，并能以每小时30～35千米的速度连续跑上半个小时。

和其他动物相比，鸵鸟还有一个天生的本领，就是具有超常的免疫力，它们抗病力很强。迄今为止，尚未发现有关鸵鸟患传染病的报道。除雏鸵鸟需要一定的保温外，成年鸵鸟适应性广，从德国雪地到澳大利亚沙漠，在任何恶劣的环境中都能生存，严寒、酷暑、刮风、下雪对露天生活的鸵鸟均无不良影响。

进入繁殖期的雄鸵鸟身着盛装，经常充满激情地大吃大嚼。将要进入繁殖期的雄鸵鸟要养精蓄锐几个月，以便在争夺配偶的斗争中取得胜利。

鸵鸟蛋的孵化期将近两个月。小鸵鸟在孵化40天以后出壳，出壳的雏鸵鸟重约1千克，3月龄的鸵鸟比初生时的体重增加了30倍，10～12月龄的鸵鸟重约100千克。再过一个月，它们就可以和成鸟一起奔跑了。为了躲避危险，小鸵鸟会和成鸟一样，在地上隐蔽起来，只把头伸出来。这种习性后来被人误认为鸵鸟在遇到危险时，会把头埋在沙土里。

据说，中世纪时期，骑士的头盔上都插着一根鸵鸟的羽毛。到了19世纪，鸵鸟的羽毛又成为女士们的装饰品。这种需求促使农民在南非、美国南部和澳大利亚等地建立起饲养鸵鸟的农场。第一次世界大战以后，鸵鸟羽毛的贸易才停止下来。也有人曾训练鸵鸟来驮物和赛跑，但它们没有骆驼那样的耐力，也不容易训练好。饲养的鸵鸟可以活到50岁。

最开始，鸵鸟仅仅是在动物园里供观赏的鸟类，随着鸵鸟饲养价值的被发现，鸵鸟养殖业已风靡全球。

鸵鸟的饲养

鸵鸟属恐龙时代的动物，是世界上最大的鸟，具有很高饲养价值，其特点是：繁殖生产快、饲养成本低、经济价值高。鸵鸟是从国外引进的畜牧种，其繁殖与饲养技术都是国内的科技人员在借鉴国外经验的基础上自主开发，并在生产实践中不断总结提高，向科学化、规范化饲养发展。现在我国已经基本掌握了鸵鸟饲养管理技术。

鸵鸟是卵生动物，蛋重约1.5千克，在人工控制的环境中经过40天左右孵化，雏鸵鸟就可出壳。雏鸵鸟在三月龄之前，由于自身各种机能发育不健全，因此必须创建一个良好的生活环境，使雏鸵鸟安全、健康地渡过三个月的育雏期。三月龄以上的鸵鸟各种机能发育健全，可以进入正常饲养管理期。

鸵鸟目中包括非洲鸵鸟、美洲鸵鸟、澳洲鸵鸟、鹤鸵等。因非洲鸵鸟生长快、繁殖力强、易饲养和抗病力强，所以国内外养殖的基本都是非洲鸵鸟。它在鸵鸟目中属鸵鸟科，鸵鸟属，非洲鸵鸟种。种是动物分类学中的基本单位，而品种则是畜牧学上的概念，主要是人工选择的产物。

猪、马、牛、羊等家畜的驯养历史可以上溯到旧石器时代末新石器时代初。经过六七千年的驯化培育，形成了具有独特的经济有益性状，能满足人类的一定需求，不同品种对一定的自然和经济条件有适应性。野生动物中只有种与变种，没有品种，非洲鸵鸟被人类驯养的历史才100年，形成较有规模性养殖也就是最近二三十年的事，所以人工养殖的鸵鸟只有三个品种，即蓝颈鸵鸟、红颈鸵鸟和非洲黑鸵鸟。

非洲鸵鸟广泛分布于非洲平坦、开阔、降雨少的地区，有四个区别显著的亚种：北非鸵鸟，粉颈，栖息于撒哈拉南部；索马里鸵鸟，青颈，居于“非洲之角”（东北非地区）；马赛鸵鸟，与前者毗邻，粉颈，生活在东非；南非鸵鸟，青颈，栖于赞比西河以南。

在辽阔平坦的非洲大草原上，个子高是鸵鸟的一大优点，因为它可以远远地看见接近的敌人。鸵鸟可以说是一座行走着的瞭望塔。它的脖子占了整个2.4米身高的一半。成年鸵鸟瞭望不是为了自身的安全，而是为了保卫它的蛋和雏鸟，因为幼鸟常处于胡狼及其他敌人的威胁中。

在交配前，雌雄鸵鸟会举行一次求爱仪式。它们一起进食，合拍地抬头和低头，然后雄鸟再向雌鸟表示爱意。它会坐下来，身体左右摇摆，炫耀它那白色的羽毛，再把脖子扭成螺旋状以示爱。几只交配后的雌鸟会将蛋产在一个巢中，然后由一只占统治地位的雌鸟照看这些蛋。

一只成年鸵鸟每小时能跑64千米，它用强壮的脚爪来保护自己。它的长腿和长脖子上没有羽毛，这样使它的身体更易散热。而身体过热对于生活在炎热地区的大体型动物来说，是一个很严重的问题。

一个鸵鸟家庭，雏鸟刚孵化出来时有30厘米高。它们几乎马上就能奔跑。成年鸵鸟会故意用夸张的动作把敌人从它们身边引开。

照看“别人的孩子”

每到繁殖季节，雄鸵鸟和3～5只雌鸟同窝。如有外来者，它会发出愤怒的吼声或嘶嘶声驱赶侵犯者。它们的窝筑在地面上，一窝产十几枚白色的、亮晶晶的蛋。晚上由雄鸟坐着看守，白天再轮到雌鸟。鸵鸟蛋的直径有125毫米，长度达150毫米，重1.35千克，是目前已知所有鸟蛋中最大的。

鸵鸟的繁殖期因地区差异而有所不同。在东非，鸵鸟主要在干旱季节繁殖。雄鸵鸟在它的领域内（它的领域面积从2平方千米到20平方千米不等，取决于地区的食物丰产程度）挖上数个浅坑，雌鸵鸟（“主”母鸟）与雄鸵鸟维持着松散的配偶关系并自己占有一片达26平方千米的家园，雌鸵鸟选择其中的一个坑，此后产下多达十几枚蛋，隔天产1枚。会有6只甚至更多的雌鸵鸟（“次”母鸟）在同一巢中产蛋，之后它们便一走了之。这些“次”母鸟也可能在领域内的其他巢内产蛋。

接下来的日子里，“主”母鸟和雄鸟共同分担看巢和孵蛋任务，雌鸟负责白天，雄鸟负责夜间。没有守护的巢会很容易遭到白兀鹫的袭击，它们会扔下石块来砸碎这些巨大的、蛋壳厚达2毫米的鸵鸟蛋。而即使有守护的巢也会受到土狼的威胁。因此，巢的耗损率非常高：只有不到10％的巢会在约3周的产蛋期和6周的孵化期后还存在。

雏鸵鸟出生时发育很好（即早成性）。雌鸟和雄鸟同时陪伴雏鸟，保护其不受多种猛禽和地面肉食动物的袭击。来自数个不同巢的雏鸟通常会组成一个大的群体，由一两只成鸟保护。仅有约15％的雏鸟能够存活到1岁以上，雌鸟长到2岁时便可以进行繁殖，雄鸟2岁时则开始长齐羽毛，3～4岁时能够繁殖。鸵鸟可活到40岁以上。

雄鸟通过巡逻、炫耀、驱逐入侵者以及发出吼声来保卫它们的领域。它们的鸣声异常洪亮深沉，鸣叫时色彩鲜艳的脖子会鼓起，同时翅膀反复扇动，并会摆出双翼竖起的架势。繁殖期的雄鸟向雌鸟炫耀时会蹲伏其前，交替拍动那对展开的巨翅，这便是所谓的“凯特尔”式炫耀。雌鸟则低下头，垂下翅膀微微震颤，尽显妩媚挑逗之态。鸵鸟之间结成的群体通常只有寥寥数个成员，并且缺乏凝聚力。成鸟很多时候都是独来独往的。

鸵鸟是在逃避现实吗？

据说鸵鸟遇到危险的时候会将头部埋在沙子里面，因为自己什么都看不到便不再害怕，遂以为太平无事——如今不少人将此举动称为“鸵鸟精神”，比喻不肯正视困难和危险的人，即似成语“掩耳盗铃”所形容的那种人。

那么鸵鸟遇到危险时真的会将头埋进沙堆里吗？当然不会，如果那样，沙子会把鸵鸟憋死。

虽然鸵鸟的头小得可怜，但是它也没有那么愚蠢。遇到危险时，鸵鸟最直接的行为就是飞奔离开。

人类之所以会有这种错误的理解，可能是因为看到鸵鸟在沙漠的巢穴中休息，抑或因为看到鸵鸟为了消化食物而进食沙砾。

曾经有一个饲养鸵鸟多年的牧场工人说，鸵鸟从不把头埋在沙里，只是有时把脖子平贴在地面。其实，鸵鸟将脖子贴在地面是有一定作用的：一是能听到远处的声音，便于迅速避开危险；二是能够放松一下肌肉，可以缓解疲劳；三是进行伪装，鸵鸟的羽毛是暗褐色的，当羽毛卷曲起来时，很像岩石或灌木，这样就很难被敌人发现。

鸵鸟虽是鸟但不会飞。这是因为鸟类飞行时耗费的体能很大，能飞行的鸟儿一般身体比较轻盈，而且翅膀也很有力。为了适应荒

漠平原的生活，鸵鸟在进化的过程中逐渐失去了飞行能力。虽然不能飞翔，但鸵鸟奔跑的时速却是很高的，大约是72千米 / 小时，因此鸵鸟堪称世界上跑得最快的鸟。

鸵鸟的腿粗壮有力，长1.3米左右。鸵鸟只有两个向前伸的脚趾，脚趾下面有很厚的肉垫，这种带肉垫的脚趾是其他鸟类所没有的。这样的结构，使鸵鸟能在热带沙漠里尽情奔跑，却不会被热沙烫伤。

在沙漠这样的特殊环境中，鸵鸟能够顽强地生活下来是很不容易的，它不但要躲避天敌还要防御自然灾难，像沙暴、移动沙丘等。

鸵鸟并非是胆小而逃避现实的鸟，一直以来人们都误解了它。其实大自然的奥秘正在于此，它需要我们不断地探索，才能越来越接近事实。

百蛋之王

从绝对值上说，鸵鸟蛋是现今世界上最大的蛋——个体往往重达1千克以上——是人类通常食用的鸡蛋的十余倍。但是从相对值上说则可算是最小的了——只有鸵鸟体重的1／100。

鸵鸟蛋是世界上最大的蛋，被称作“百蛋之王”，其蛋壳质地坚韧、自然、圆润光滑，有象牙的色泽及质感，是景泰蓝工艺美术品

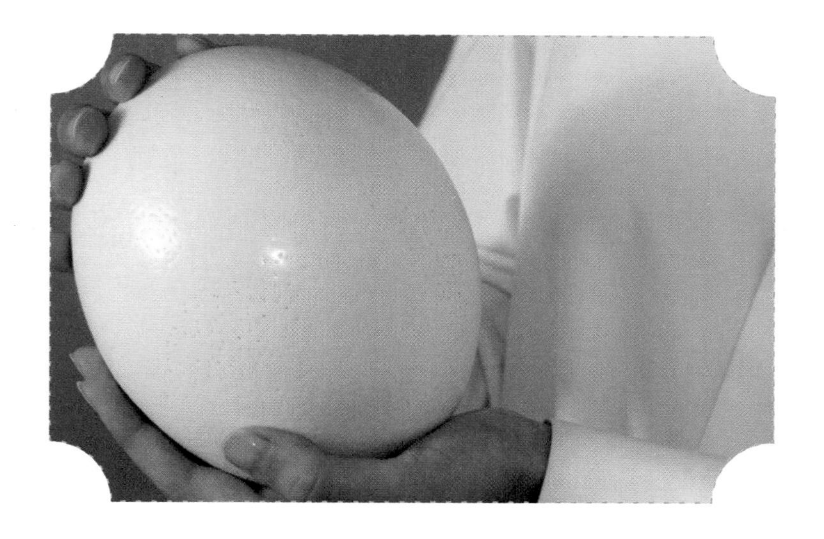

的名贵载体，也是象牙的替代品。

鸵鸟蛋经过工艺美术设计及加工后更是巧夺天工，令人爱不释手。如今人们运用创造性思维和空间想象力相结合的新的造型艺术，将西方石文化、东方木文化以及绘画、雕塑的手法融于一体，形成雕刻（镂空）、彩雕、镶嵌（景泰蓝）为主的三大系列鸵鸟蛋工艺品。鸵鸟蛋工艺品构图完美，形象栩栩如生，做工细腻，是纯天然艺术品，是手工艺品中的精品，具有极高的欣赏价值和收藏价值。

为什么鸵鸟不会飞？

鸵鸟是一种失去飞翔能力而善于奔跑的走禽。现存鸵鸟有三个目，即鸵鸟目，美洲鸵鸟目、澳洲鸵鸟目。

非洲鸵鸟属鸵鸟目，是世界上现存最大的鸟。雄鸵鸟体重约135千克，身高达2.5米，生活在非洲的荒原沙漠之中。约两亿年前古爬行类进化成鸟类，在鸟类与生活环境相适应的过程中，鸵鸟的祖先逐渐适应了沙漠生活，其翼和尾退化，羽毛不连成羽片，后肢发达，

脚有两趾，善于奔跑。鸵鸟一步可达8米，奔跑时速可达60千米。为了避免沙漠高温的伤害，鸵鸟的两个粗大趾下有很厚的角质化的皮。它

的翼在奔跑时不断地上下扇动，以保持身体平衡。假如当初鸵鸟的祖先不落户沙漠就不会有今天的鸵鸟了。据考古发现，史前时期鸵鸟曾在中国出现过。

美洲鸵

美洲鸵为大型的不会飞的鸟类，常被称为南美鸵鸟。但从解剖学和分类学的角度而言，美洲鸵实际上与鸵鸟相去甚远。美洲鸵与鸵鸟表面上的相似性乃是趋同进化的结果，两者都适应于开阔的平原生活。

美洲鸵直立时高1.5米，绝大部分体重不超过40千克。相比之下，鸵鸟身高可达2.5米，体重约115千克。除体型之外，两者最明显的差异体现在足部：鸵鸟仅有两个增大的趾，而美洲鸵有三趾。

大小美洲鸵的区别

查尔斯·达尔文第一个发现并描述了大美洲鸵和小美洲鸵的差别。1830年的一个晚上，当“贝格尔”号船沿着巴塔哥尼亚海岸南下航行之际，这位伟大的生物学家在食用美洲鸵的一条腿时注意到了区别。

大美洲鸵事实上曾广泛栖息于从巴西中部沿海至阿根廷大草原的草地地带；而小美洲鸵则见于巴塔哥尼亚的半沙漠草原、灌木丛林地以及从阿根廷和智利穿过玻利维亚至秘鲁的安第斯山脉的高原草地中。大美洲鸵最小的亚种来自巴西，体重仅为20千克；最大的阿根廷亚种体重可以达到50千克。大美洲鸵在冬季会10～100只聚集成群，繁殖期则分散为2～7只的小群。它们分布的密度约为每平方千米5只。

美洲鸵的成鸟大部分都是素食者，以

多种植物为食。它们会摄入某些青草，但更偏爱阔叶植物，甚至还经常食用那些带刺的草本植物，如蓟。

如今，它们主要以阔叶、开花的非禾本植物为食，特别是紫苜蓿、蜀黍、黑麦和引入的牧草。成鸟几乎不食动物类食物。小美洲鸵则普遍生活在相对更干燥、更荒芜的环境中，所以它们凡是绿色的东西都吃，但同样更喜食阔叶植物；有机会时它们也会捕食些昆虫和爬行类小动物。

美洲鸵的繁殖

繁殖季节（春、夏季）来临之际，大美洲鸵的雄鸟开始求偶，并与其他雄鸟争夺成群的雌鸟。美洲鸵的繁殖机制相当复杂，存在四种扮演不同角色的雄性成鸟，分别是：不参与生殖活动的雄鸟，

只负责孵卵的雄鸟，既进行交配又进行孵卵的雄鸟以及只负责交配的雄鸟。

繁殖期开始，雄鸟在地面筑起巢，然后通过炫耀行为和鸣声引诱一群雌鸟来到自己的巢中。这个阶段的雌鸟成群四处活动，与数只雄鸟进行交配，最后在一个巢内或巢附近产卵。巢中的雄鸟便用喙将卵集中推到自己的巢里，随着卵的不断增加，雄鸟对接近巢的同类变得日益具有攻击性，同时也越发不愿意去收集离巢较远的卵。而雌鸟在一个巢中产了几天卵后便离开，也有可能去另外的巢中产卵，但不参与营巢。

雄鸟孵卵36～37天后，雏鸟出生。它们在巢中仅待数小时便可以随雄鸟一起外出觅食。有些情况下，会出现一只“次”雄鸟。它与“主”雄鸟共同筑巢。然而，一旦一窝卵收集完毕，便只剩“次”雄鸟留在巢中孵卵，“主”雄鸟则去重新筑一个巢，吸引雌鸟来产卵，然后亲自孵卵。比起“主”雄鸟，“次”雄鸟发生交配的次数很少，但它们在孵卵方面同样很成功，只是在抚育雏鸟方面不及

“主”雄鸟。有“次”雄鸟相助的“主”雄鸟比没有“次”雄鸟相助的“主”雄鸟更容易育雏。另外，每年有许多雄鸟根本就不繁殖。在某些特定的年份，仅有4%～6%的雄鸟成功繁殖，雌鸟的比例相对高些，约为30%。至于小美洲鸵的繁殖模式，尚未有动物学家做详细的研究，但很可能与此相似。

雏鸟孵化头几天主要以昆虫为食，但逐渐它们便和雄鸟一样开始食植物。雄鸟会保护后代不受包括同类在内的一切入侵者的威胁。夏末，美洲鸵的雄鸟、雏鸟和雌鸟会聚集成大群准备过冬。春季，雄鸟开始独居；雌鸟形成小群；幼鸟们则通常成群生活在一起，一直持续到它们长到两岁左右开始繁殖为止。

第四章
出现在国徽上的鸸鹋

在澳大利亚，鸸鹋被视为是这个国度的经典象征，与袋鼠一起出现在国徽上。它是澳大利亚境内最大的食草类动物之一，几乎分布在澳大利亚的所有地区。

“四处流浪”的鸸鹋在澳大利亚已经生活了数百万年，已经适应了荒凉的澳大利亚腹地环境。大规模的迁移早就成为鸸鹋生存策略的重要组成部分。

奔跑健将

鸸鹋是鸟纲鸸鹋科唯一物种，以擅长奔跑而著名，是澳洲的特产，是世界上第二大的鸟类。鸸鹋仅次于非洲鸵鸟，因此也被称作澳洲鸵鸟，它的翅膀比非洲鸵鸟和美洲鸵鸟更加退化。鸸鹋的足有三趾。鸸鹋是世界上最古老的鸟种之一。它栖息于澳洲森林和开阔

地带，吃树叶和野果。鸸鹋终生配对，每窝产7~10枚暗绿色卵，卵长13厘米。雄鸟孵卵约60天。体上有条纹的幼雏出壳后很快就能跟着成鸟跑。鸸鹋特别的气管结构在繁殖期可发出巨大的隆隆声。

鸸鹋是一种外表不精致的大型鸟类，蓬松的双层羽毛（它们的副羽，即从正羽根部分出来的次羽，长得跟正羽一样长）从体表柔软地垂下来。鸸鹋换羽之后为黑色，但由于太阳光会使赋予它们羽毛褐色的黑色素逐渐褪色，因此，它们的羽色会变浅。鸸鹋的雏鸟带有黑色、褐色和米色的纵条纹，很容易隐藏于长草丛中和浓密的灌木丛中。

鸸鹋的颈和腿很长，但翅膀很小，不足20厘米。成鸟在颈部的气管和气囊之间生有一道空隙，使气囊成为一个回音室，从而提高了它们低沉鸣声的传播质量。

鸸鹋体高150~185厘米，体重30~45千克，寿命10年。成年雌性比雄性大。鸸鹋形似非洲鸵鸟，属于平胸类，没有龙骨，嘴短而扁，羽毛灰色、褐色或黑色，长而卷曲，自颈部向身体的两侧覆盖。它的翅膀退化，完全无法飞翔。鸸鹋的羽毛发育不全，具纤细垂羽，副羽甚发达，头、颈有羽毛、无肉垂。它的身体健壮，腿长，同其

亲属鹤鸵一样。两性体羽均为褐色，头和颈暗灰，颈部裸露的皮肤呈蓝色，喙为灰色。它的翅膀隐藏在残留的羽毛下，在炎热的天气，可以促进机体冷却。鸸鹋庞大的身体是由两个强大的灰色的三趾腿支撑。雏鸟有一个蓬松羽毛的头，身体由棕色和黑色条纹的羽毛组成。鸸鹋的跑速每小时可达50千米，受到攻击时会用三趾的大脚踢袭击者。

鸸鹋的生活习性

鸸鹋喜食富有营养的食物，如植物上一些营养集中的部位：种子、果实、花和嫩芽。此外，当昆虫和小型的无脊椎动物唾手可得时，鸸鹋也不会拒绝。但野生的鸸鹋不食干草和落叶，哪怕它们就在嘴边。鸸鹋会摄入多达46克的大卵石以帮助砂囊研磨食物，还经常会摄入一些木炭。丰富的食物使鸸鹋发育很快、繁殖迅速，但这同时也是需要付出代价的。因为充足的食物在同一个地方不可能一

年四季都可以得到，为了获取食物，它们必须迁移。在干旱的澳大利亚内陆地区，一个地方的食物短缺往往意味着需要走上数百千米才能找到另外的食物源。

鸸鹋对这种生活方式的适应体现在两个方面。一是在食物充足期贮存大量的脂肪，以供接下来长途觅食所用，这也是为何正常情况下体重45千克的鸸鹋在体重降至仅为20千克后仍能照常活动的原因所在。二是只有在雄鸟孵卵时才不得不留在一个地方，其他时候它们则自由移栖。当然，当它们带着雏鸟时步伐会放慢一些。而雄鸟在孵卵期不吃不喝不拉，因此，这段时间内当地的食物供应情况如何和它没有任何关系。

鸸鹋易于饲养，曾被广泛引入其他国家，在中国很多动物园中都能见到。它外表很像非洲沙漠中的鸵鸟，但没有鸵鸟高大。成年雌性鸸鹋比雄性的大，体重数十公斤不等。从动物分类学来说，它应属于鸵鸟类中的一种。

鸸鹋喜爱生活在草原、森林和沙漠地带，全身披着褐色的羽毛，擅长奔跑，并可连续飞跑上百公里。鸸鹋虽有双翅，但同鸵鸟一样已完全退化，无法飞翔。它的躯干、翼被覆纤细的粗发状羽毛，呈灰褐色。鸸鹋以野草、种子、果实等植物及昆虫、蜥蜴等小动物为食。鸸鹋能泅水，可以从容渡过宽阔湍急的河流。

鸸鹋很友善，若不激怒它，它从不啄人。它对食物也不讲究，在野生动物保护区里，鸸鹋能经常改善伙食，吃到游人为它提供的面包、香肠及饼干等。当有汽车在公路边停下来时，鸸鹋毫无戒备，反而会大摇大摆地踱步而来，争抢着把头伸进车窗，一是对人表示亲近，二是希望游人能给点好东西吃。

科学研究表明，数十万年的地质和气候变迁，仍无法改变鸸鹋最初形成的原始形态，这种神奇的适应能力在自然界的进化史中是极为罕见的。

鸸鹋的繁殖

鸸鹋在每年的12月和次年的1月进行交配，每对配偶会占据约30平方千米的领域。从4月至6月，雌鸟陆续产下9～20枚的一窝卵。当雄鸟开始孵卵后，许多雌鸟便会离开，有的去与其他雄鸟交配，然后再产下一窝窝卵。少数雌鸟留下来用它们独特的鸣声来保护孵卵的雄鸟。雏鸟出生后，雄鸟变得极具攻击性，它们将雌鸟驱逐出去，并会攻击任何接近巢区的人或动物。雄鸟在接下来的

5～7个月里与雏鸟待在一起，不过与其说是它带着孩子们外出觅食，不如说是它被孩子们牵着鼻子到处转。之后，雄鸟与雏鸟的关系告一段落，它开始为下一个繁殖季节寻找配偶。

危险的雄鸸鹋

在野外走近正在孵蛋或照顾雏鸟的雄鸸鹋是十分危险的，因为它们有强壮的腿肌和锋利的爪子，足以将接近其巢穴的人开肠破肚。一般而言，鸸鹋是害羞的动物，不会伤害人类，遇到人类只会拔腿就跑。它们也很有好奇心，有丛林知识的人，只要把一块颜色鲜艳的手帕缚在树枝上，再躲在草丛中举起摇晃，便能吸引野生鸸鹋走近来查看。

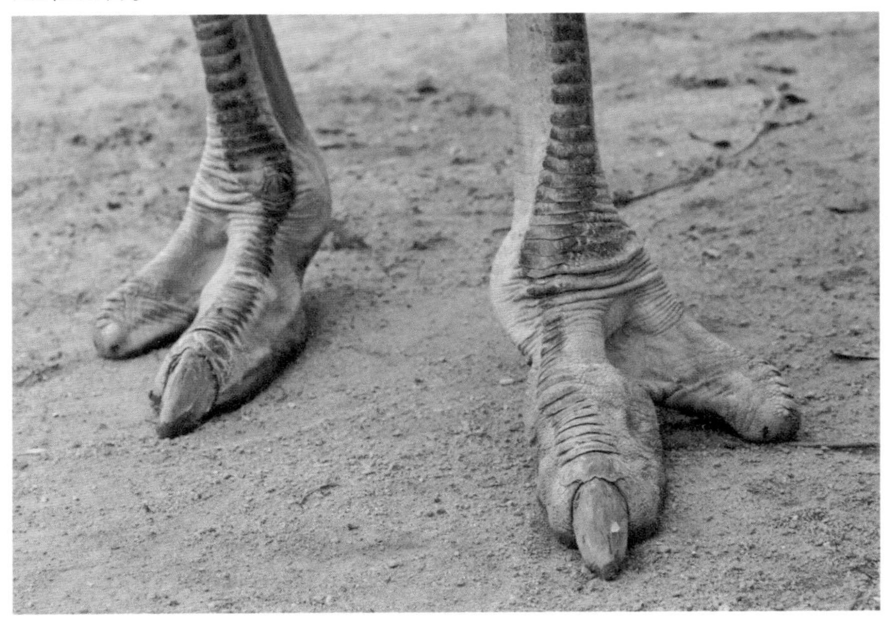

“鸸鹋战争”

早在18世纪后叶，鸸鹋有数个种类和亚种。然而，当欧洲移居者来到澳大利亚后，国王岛（位于巴斯海峡）和袋鼠岛（位于南澳大利亚）的鸸鹋以及塔斯马尼亚的亚种很快便灭绝了。但在澳大利亚内陆，鸸鹋仍广泛存在。它们栖息于油桉丛、林地、矮树丛、野地、沙漠灌木丛以及沙原中。鸸鹋在沙漠地带比较稀少，通常只有在大量的降雨带来草本植物的迅速生长和灌木结出硕果时才会出现。

鸸鹋还生活在澳大利亚的不少大城市附近。但如今在那些为了农业耕作而将自然植被清除的地方，已看不到它们的身影。无论栖息在何处，鸸鹋基本上每天都需要饮淡水。人们在澳大利亚腹地采取的措施很可能令鸸鹋受益匪浅，因为给牛羊建的供水点为那些以前没有淡水的地区提供了永久性的水源。澳大利亚有大片的土地无人居住，大都为开放式的牧场，所以，鸸鹋没有灭绝之险。

鸸鹋长久以来都是土著的文化和经济体系中心。欧洲人很快知道了鸸鹋的蛋和肉的价值。19世纪初，欧洲人用猎枪消灭了鸸鹋两个种和一个亚种，而且还竭力要把剩下来的也消灭掉。不过鸸鹋能在荒芜广阔的平原上隐藏起来，从而躲过了劫难。有人认为鸸鹋与牲口争夺食物和水源。当然这一点是事实，但人们却忽视了鸸鹋作为生态系统的一部分对土壤的帮助，每年鸸鹋能吃掉大量蝗虫、毛虫等害虫。

农民比较担心，因为鸸鹋既喜欢吃柔软的麦芽，也爱吃成熟的麦子。但是农民又无法用栅栏阻挡鸸鹋，即使它们不是为吃麦子而来，也会把沿途成熟的麦子踏平。1901年，西澳洲的农民筑起了一道1100千米长的高围墙以阻挡鸸鹋。虽然这道墙保护了麦子，但影响了鸸鹋的迁移路线。在情况最坏的年份，多达5万只鸸鹋撞在墙上。

鸸鹋跟袋鼠都是澳大利亚国徽上的原生物种，但是它们在澳大利亚建国初期都没有受到保护。1932年，在大萧条高峰期的一个干旱的夏天，西澳洲农民呼吁军队参与一场“鸸鹋战争”，而且用上装在货车上的机关枪。几天之内，军队尝试与鸸鹋交手，杀死了一部分鸸鹋。鸸鹋忍受伤痛和带伤坚持“战斗”的能力让人惊叹，指挥这次“战争”的指挥官炮队司令马里帝兹少将后来回忆说：“假使我们有一个师团有这些鸸鹋的载弹（中弹受伤后坚持“战斗”）能力，这个师在世上便无往而不胜了。”由于不能决定浪费的弹药费用由谁支付，此次行动很快便结束。

在“鸸鹋战争”开始后不到一周，当时的国防部长乔治·帕尔斯，就命令撤走军队。这一行动在众议院中也引起了争论。

1988年，鸸鹋受到法律保护，西澳洲在对待鸸鹋方面不再愚昧无知，西澳政府向Willuna Station的土著发出了许可证，准许他们购买鸸鹋雏鸟。各州的土著和欧洲地主于是纷纷学习养殖鸸鹋，鸸鹋商品的市场迅速发展。虽然最初的热潮已经冷却，但今天澳洲仍有约250个鸸鹋农场，海外则更多。

鸸鹋的经济价值

成年鸸鹋体重可达45千克以上。鸸鹋食性杂，喜欢青草和昆虫，适应力、抗病力强，耐粗饲，非常适合农户饲养。鸸鹋有很高的价值，其肉鲜嫩味美，且脂肪、胆固醇的含量较低，是健康绿色食品。鸸鹋皮透气性好，韧度高，手感柔软，毛孔的突出增加了美感，在

国际市场上非常受欢迎。

鸸鹋蛋壳有三层颜色，分别为墨绿色、天蓝色和白色。用鸸鹋蛋壳雕刻而成的工艺品具有极高的收藏价值。

鸸鹋背部有个脂肪袋，每只可产油2～3.5千克，鸸鹋油具有很强的渗透性，现在主要用于化妆品和消炎药，对运动性损伤有很好的疗效。保健专家认为，由于鸸鹋油内含有大量的DHA不饱和脂肪酸，因此它是新型保健食品开发的一个新亮点。

鸸鹋的养殖技术

鸸鹋繁殖期从每年的9月底到次年的5月，在繁殖期内每只母鸟可以产蛋30多枚，蛋重可达350～450克。产蛋高峰期母鸟每三天产一枚，产蛋时间一般在下午。鸸鹋蛋在自然状态下一般由雌鸟和雄鸟轮流孵化，人工条件下则采用人工孵化，鸸鹋的孵化期47～51天。出壳的小鸟重280克以上。雏鸸鹋经过三个月的育雏，体重可达到4～6千克，即可转入大栏饲养，不再需要人工保温。商品鸟从4月龄到11月龄，11月龄鸸鹋重30～40千克，鸸鹋通常在此月龄出栏。需要留种的鸸鹋则需饲养至18～24月龄方可繁殖。

一、场地的选择和建设

人工饲养鸸鹋必须有足够的场地，场地必须排水性好，不积水。栏舍周围种上一些稍高大的树木以及花草，栏与栏之间最好种上一米以上的绿化带。栏舍要求通风良好，每100只鸸鹋应有100平方米的栏舍，并配置运动场面积250～300平方米。

二、日常饲养管理

8个月龄左右的鸸鹋，每只每天需要600克左右的以玉米为主的精料，配合900克青料。每天饲喂3次，定时定量定点饲喂。青料切碎的长度1～2厘米。每只鸸鹋每天需要有1000克左右的清洁饮用水。鸸鹋不能饮用被阳光晒热的水，否则容易生病。在夏季要保证鸸鹋有充足的清洁饮用水。8～10个月大的鸸鹋，体重可以达到成年体重。

做好防疫灭菌工作。青饲料在切碎前，需要用消毒液浸泡十分钟，然后再用清水冲洗干净。早晨和下午喂料前，要分两次清扫栏舍。室内外以及饲养用具，每隔两周彻底消毒一次。栏舍边的水沟绿化带，每月也要消毒。工作人员、外来人员及车辆进入场区也要消毒。

三、鸸鹋的繁殖孵化

鸸鹋适宜一夫多妻制。繁殖期，鸸鹋有求偶争斗。雌鸟以沙地掘浅坑为巢，每个巢内产蛋约十几枚。人工饲养条件下的鸸鹋，18～24个月可以达到性成熟。鸸鹋产完蛋，当天入孵。鸸鹋的孵化期一般是49～51天，最佳孵化温度为36.3℃，相对湿度是40%～50%。鸸鹋孵化室的空气一定要保持新鲜。鸟刚出壳的时候，重370克左右，羽毛没有长全，需要人工保温。保温一般是在晚上进行，或者在下雨天进行。整个育雏室的温度控制在25℃。两个月以后才可以完全脱温。三个月的时候，每只鸟大概平均5千克左右，可以按青年鸸鹋进行饲养。

第五章 新西兰国鸟：几维鸟

几维鸟，又译为鹬鸵，是无翼鸟科三种鸟类的共同名称。因其尖锐的叫声“kiwi-kiwi”而得名。几维鸟的身材小而粗短，嘴长而尖，腿部强壮，羽毛细如丝发，由于翅膀退化，因此无法飞行。几维鸟很容易受到惊吓，大部分的活动都在夜间进行，觅食时用尖嘴灵活地刺探，长嘴末端的鼻孔可嗅出虫的位置，进而捕食。几维鸟的寿命长达约30年。几维鸟是新西兰的特产，也是新西兰的国鸟。

外形特征

约3000万年前，几维鸟在新西兰出现。如今，这种奇异的鸟类正受到外来天敌的极大威胁，每年以约6％的比例减少。这个比例若以更直观的方式来表达，即几维鸟的数量每10年便减少一半。

几维鸟可谓将不会飞的特点发挥到了极致。它们的翅膀很小，趋于退化，且隐于体羽下。从外观看，它们的尾巴也完全消失。它们的不同寻常还表现在其他方面，如雌鸟产的卵重量是自身体重的1／4；而与其他大部分鸟类不一样的是，几维鸟靠嗅觉而非视觉来

觅食。

几维鸟的平均大小与人们常见的大公鸡差不多，而其中的褐几维鸟和大斑几维鸟体型稍大，体重超过2000克；小斑几维鸟较小，体重约为1200克。三种几维鸟的长相相似，属鹬类中最原始的鸟类。

几维鸟的头部十分小巧，身体形状如梨，没有一般鸟类的坚硬的廓羽，浑身长满蓬松细密的羽毛，羽毛柔软不具羽翈。它们的外表看上去就像多毛的大皮球，没有一般鸟羽中央的羽干，仅有一些弱小的羽支，所以呈兽毛一样的丝状。它们的毛色主要是黄褐色，带有深灰色和淡色的横斑，腹部毛色较淡，有黑褐色的条纹。几维鸟的羽毛用于保暖，退化的翅膀被羽毛所覆盖，没有双翅，没有尾羽，因而不能飞翔。它们的双腿粗短有力，善于奔跑，时速可达16千米。

几维鸟嘴尖而细长，有10厘米左右，嘴基处长有猫一样的胡须；

鼻孔生在长而可以弯曲的嘴尖上，而不是在嘴的基部；眼小，在白日视力也不足；耳孔大而发达，嘴基部有很长的须（可能有触觉）。颈部很短，耳朵高度灵敏发达。两性异形，差异超过1公斤。雌鸟比雄鸟要大得多。与其他大多数鸟类最大的不同是几维鸟不会飞翔，只能在地面上行走。它们腿位于身体的后方，短而粗壮，肌肉发达。几维鸟具有强大的跗跖部，跗跖的前后缘还具有六角形的角质鳞片。几维鸟脚上具有四个小而平的趾，三趾向前，一趾向后，趾上均有锐利的爪，便于在土地上挖掘、寻觅食物。

地面穴居者

几维鸟的体形大小有如家养的母鸡，但躯体更细长，并且腿更粗壮有力。其他鸟类有飞行肌着生的胸骨，但几维鸟没有。其他大多数鸟类为了飞行时减轻体重，骨骼中空，而几维鸟仅部分中空。虽然是一种夜行性动物，但几维鸟可以在灌木丛中快速穿行。

与同样不会飞的亲缘鸟鸸鹋、鸵鸟、美洲鸵相比，几维鸟显得

很小，很可能只是在没有哺乳动物的环境中才得以进化。新西兰群岛形成于8000万～1亿年前，几维鸟先于适应性强的陆地哺乳动物进化；而当后者出现时，一道大海屏障阻止了其登陆新西兰，从而使几维鸟免受了竞争和掠食。此外，也有其他不会飞的鸟类（如恐鸟）在新西兰进化，只是如今均已绝迹。

几维鸟居住在洞穴里，巢穴挖成后要经过几个星期后才可以使用，这是因为它们要等到苔藓和自然植被重新生长出来，以使其巢穴便于伪装。一对大斑几维鸟可能在自己的领地上挖上100个洞穴用作避难所。

它们白天不离开洞穴，除非在危险的情况下。觅食时间在太阳落山后约30分钟后进行，几维鸟能够通过嗅觉来发现食物。它们用嘴在森林的落叶层里搜寻，或戳入土壤深处，用嘴尖夹住食物，然后猛地往回一拉，吞进咽喉。几维鸟的捕食对象主要以昆虫、蜗牛、蜘蛛、蠕虫、虾为主，甚至可以吃掉小蜥蜴和老鼠，也吃落在地面上的水果和浆果。几维鸟的鼻孔不像画眉或者燕子一样长在嘴的根部，而是长在嘴巴的尖端。它的嗅觉非常好，可以嗅到地下十几厘米深处的虫子，然后用爪子或者嘴巴把它挖出来吃掉。此外，它的嘴巴还有一个让人意想不到的功能——当它需要休息的时候，嘴巴可以当成第三条腿，如同三脚架一样把身体撑起来。

几维鸟嗅觉灵敏，但是视力不好，眼睛也小，有报道称动物园里曾发生几维鸟大白天走着走着撞上了篱笆的趣事。野生的几维鸟栖息在森林和灌木丛中，喜爱群体生活，昼伏夜出，性情温驯而且好奇心强，如果当地居民的大门没有关好，几维鸟可能在夜里悄悄溜进他们家里，把钥匙和汤匙当成玩具带走。

几维鸟的眼睛不能接触阳光，否则就会失明！

几维鸟分布于新西兰。大斑几维鸟仅分布于新西兰南岛的西部，

小斑几维鸟则在北岛和南岛分布；褐几维鸟的分布最广泛，除了南岛、北岛外，还分布于斯图尔特岛。几维鸟在全世界一共只有三种，几维鸟的名字是因为它们的鸣叫声非常尖锐，听起来特别像“kiwi”（几维），所以当地土著的毛利族人就将其称为几维鸟，有的书中也翻译成希维鸟、凯维鸟或奇异鸟。

几维鸟的习性

一对几维鸟的领域为20～100公顷。在这片区域内，它们会占用很多兽穴、掩体和洞穴。白天它们躲在那些地方休息，夜间出来觅食。它们的巢筑于稠密植被下的洞穴或掩体内，基本没有衬材。

一窝卵虽然只有两枚，却是雌鸟倾力奉上的结晶之作。卵内丰富的营养不仅可以维持胚胎在漫长的孵化期（65～90天）内的生长发育，而且还为新孵化的雏鸟准备了一个卵黄囊，作为临时的食物供应源。卵产下后会搁上数日。一旦开始孵卵，对褐几维鸟和小斑几维鸟而言，那便是雄鸟的事；而大斑几维鸟则是双方共同孵卵。但亲鸟是否负责育雏则颇为可疑，因为雏鸟出生不到一周便会离巢，单独去觅食。

在茂密的森林里，几维鸟用鸣声来互相保持联系，同时也用以维护领域安全。在相对较近的距离范围内，它们则用嗅觉以及出色的听觉来察觉同类。陌生的同类会遭到驱逐。繁殖行为包括发出响亮的咕哝声和呼哧声，以及激烈地追逐嬉戏。

岌岌可危的生存前景

几维鸟是新西兰特有的珍禽，其形象经常出现在新西兰人的生活中。有银行的名字叫几维的，新西兰的两角与一元的钱币上一面印的是英国女王伊丽莎白的头像，另一面便是几维鸟。几维鸟是新西兰的国鸟，新西兰人更是坦然地以几维自称。

对新西兰人而言，几维鸟一直以来都具有不同寻常的意义。过去，它为毛利人提供了食物来源和用以制作珍贵礼服的羽毛。然而，

自从19世纪中叶欧洲移民开始定居新西兰后，几维鸟的全部种类遭受了重创。欧洲人带去了捕食几维鸟的哺乳动物，如猫和鼬。此外，和之前的殖民者一道而来的狗也会袭击几维鸟。

褐几维鸟如今

面临的最主要威胁之一，是栖息地的许多土地被人类清整。斯图尔特岛上的种群状况尚好，但在北岛，现在已只剩两个上规模的种群。南岛的种群分布支离破碎，具体状况不明。

大斑几维鸟在南岛西北部也只剩两个被孤立的种群，并常常遭遇陷阱。小斑几维鸟目前也面临危险。若不是人们富有远见地将该种引入到位于库克海峡方圆2000公顷的卡皮蒂岛，小斑几维鸟很可能会灭绝。如今卡皮蒂岛上的小斑几维鸟超过了1000只。而那时岛上的栖息环境相当恶劣，因此，放生所取得的成功显得不同寻常。

尽管卡皮蒂岛是一个保留地，但小斑几维鸟的生存状况仍十分严峻。人们正在试图通过人工饲养来繁殖这一种类，一方面可以更好地研究它们的繁殖生物学，另一方面可以将更多的小斑几维鸟放生到其他岛上去。人们曾对卡皮蒂岛上小斑几维鸟的基本栖息条件、食物和繁殖情况进行了调查，进一步为该种群寻找合适的地点。结果，在20世纪80年代，人们将小斑几维鸟引渡到了母鸡岛、长岛和

红水星岛，此后又在90年代将其引入提里提里玛塔基岛。

新西兰政府鉴于猫类（食肉动物）对几维鸟的威胁最大，已颁布法律，对有几维鸟出没地区的家猫实施宵禁，以降低几维鸟在夜间出动时被猫吃掉的概率。

而史密森尼国家动物园则是新西兰之外世界上仅有的四家繁殖几维鸟的动物园之一。1975年，史密森尼国家动物园曾成功孵化了一只几维鸟，现在这只30多岁的几维鸟仍在该动物园的鸟舍中和游人见面。

第六章

神奇的食火鸡

食火鸡是产于澳大利亚–巴布亚地区的一种大型不能飞的鸟类，是鹤鸵目鹤鸵科唯一的代表。它是世界上第三大鸟类，仅次于鸵鸟和鸸鹋，翅膀比鸵鸟和美洲鸵鸟的翅膀更加退化。食火鸡和美洲鸵鸟一样，也有三个脚趾，主要分布于澳大利亚和新几内亚等地，有两科四种。

食火鸡的形态

食火鸡体高1.5米，重约70千克，头顶高而侧扁，有呈半扇状的角质盔，头颈裸露部分主要为蓝色，颈侧和颈背为紫、红和橙色，前颈有两个鲜红色大肉垂。食火鸡的足具三趾，均向前，羽毛呈亮黑色，翅小，飞羽羽轴特化为六枚硬棘。雌雄羽毛相似，但雌鸟体形较大，前颈的两个肉垂亦大。

食火鸡时速可达50千米。已知有食火鸡曾用它的脚把人劈死的事例，食火鸡三趾中最内侧脚趾有一个匕首般的长指甲，能在灌木丛中的小道上迅速奔驰。它有一骨质头盔保护着光

秃的头部。食火鸡成鸟体羽黑色，未成熟鸟淡褐色，每窝产3～6枚绿色卵，卵长13厘米，雄鸟孵卵，孵化期约50天。食火鸡用植物叶子在地面上作巢，幼雏体上有条纹。

食火鸡有三个种类，有些人认为是六个，每个种类包括几个亚种。产于新几内亚及其附近岛屿和澳大利亚的普通食火鸡是最大的种类，体高达1.5米，喉部有两个红色长肉垂。

世界上最危险的鸟类

食火鸡能奔跑，善跳跃，性机警，鸣声粗如闷雷。食火鸡的性情凶猛，常用锐利的内趾爪攻击天敌。

食火鸡单栖或成对生活，在密林中有固定的休息地点和活动通道。其食物随季节而变化，主要吃浆果，有时也吃昆虫、小鱼、鸟及鼠类。雌鸟在6～9月产卵，通常每窝3～6枚，卵呈暗绿色。孵化期约50天。雏鸟2月龄后羽饰似成鸟，4～5月龄性成熟。食火鸡生活在密林里，为了让自己的声音能够穿透林木，它能够发出比其他鸟类都要高频率的叫声，头顶上的角质盔就是这种次声波的接收器。

食火鸡生活在热带

雨林中，以拥有12厘米长，类似匕首一样锋利的爪而著称。食火鸡的利爪结合强有力的腿，能够将人类的内脏钩出，而对付狗和马只需一击即可致命。

2007年，食火鸡被吉尼斯世界纪录列为“世界上最危险的鸟类”。

尽管食火鸡被吉尼斯世界纪录列为世界上最危险的鸟类，但是一般来说，食火鸡是非常害羞的，只有在受骚扰时才会以它们强劲的腿猛击袭击者。

在第二次世界大战期间，美军及澳军在新几内亚驻守，曾被警告远离它们。受伤或陷入绝境的食火鸡特别危险。食火鸡能灵巧地利用它们身处的环境，来避开人类的围捕。

食火鸡的分类

食火鸡是属于古颚总目，现今已确认了三个品种：

南方食火鸡或双垂食火鸡，分布于澳大利亚及新几内亚。

单垂食火鸡，分布于新几内亚。

侏食火鸡，分布于新几内亚及新不列颠。

单垂食火鸡及侏食火鸡并不十分著名。所有食火鸡一般都是羞怯的，鬼鬼祟祟地生活在森林的深处及远离人烟的地方。纵然较为人所熟悉的生活在昆士兰雨林的南方食火鸡，也没能被人类真正全面地了解。

食火鸡的保护

南方食火鸡和单垂食火鸡因失去栖息地而成为濒危物种。据估计它们的数量在1500～10000只左右。在澳大利亚约有40只食火鸡在笼中受保护。失去栖息地令食火鸡从雨林走到人类社区，造成与人类（尤其是农民）的冲突。但是在一些地方如昆士兰的美声海滩，则出现了参观食火鸡的旅游。

附　录

鸟类的起源与发展

鸟类利用后肢行走，前肢在逐步地演化中变为翅。大多数的鸟类都具有飞行能力。

鸟类最初可能是由生活在侏罗纪时期的近鸟类进化而来的。最早的鸟类从外形上与恐龙家族中的恐爪龙具有相似性。

鸟类在白垩纪得到了很大的发展。到了新生代，鸟类的外形已经进化到与现代鸟类的外形结构没有明显差别。

关于鸟类祖先的推想

鸟类的演化过程一直是古生物学研究上的一个难题。

鸟类的骨骼较轻且非常脆弱，而且大部分鸟类的体形较小，所以它们可以自由自在地在空中飞翔。当然了，也有部分鸟类不具备飞行能力，例如企鹅。

鸟类的飞行特性给鸟类可考化石的形成带来了不利，减少了可考化石形成的机会，所以人类现在获得的关于鸟类起源的化石资料

并不是很多。

迄今为止，世界上已知发掘出土的原始鸟类的化石不到10例，且都是在德国巴伐利亚州的石灰岩层中被发现的。这些鸟类化石距今已有1.5亿年，被命名为始祖鸟。这些化石的发掘出土，将鸟类的起源推进到了中生代侏罗纪时期，并且为鸟类的起源提供了证据。

人们在德国巴伐利亚州的石灰岩底层中发现的始祖鸟化石，同时兼具了鸟类和爬行类的身体特征。

始祖鸟化石的锁骨部分愈合成叉骨，耻骨向后伸长，具有牙齿，前肢已经进化成飞行的翅膀，有十分清晰的羽毛印痕，人们根据其特征将其分为初级飞羽、次级飞羽及尾羽。在其翅膀的尖端都有未退化的指爪，后足有四趾，呈三前一后排列。

针对这些特征，一些古生物研究者提出了一个大胆的推测，他们认为，鸟类的祖先很有可能是恐龙家族中的“飞行者”。同时科学家们还推演出，始祖鸟的最小飞行速度约为7.6米 / 秒，它们能够利用鼓翼来完成飞行，但这种飞行无法维持很久。

近年来，考古工作者们先后在中国东北地区发掘出土了中华龙鸟和孔子鸟的化石，它们被认为是连接恐龙和鸟类的一环。从形体上来说，中华龙鸟和孔子鸟更像是有羽毛的恐龙。古生物学家对其化石进行了仔细地研究后推断，中华龙鸟和孔子鸟应该生活在比始祖鸟年代更为久远的时期。

始祖鸟的飞翔之谜

始祖鸟是如何从地栖生物演变成了飞翔生物的呢？关于这个问题，科学界始终意见不一，其中主要包括两种观点：

一种观点认为，原始鸟类最初的时候只是在树上攀缓，之后逐渐过渡到能够完成短距离的滑翔。随着不断的演化、发展，原始鸟类进化出了翅膀，最终实现空中飞行。

另一种观点认为，原始鸟类最初是依靠双足奔跑的地栖动物，它们依靠前肢来捕食小型的动物，为了能够追赶上猎物，它们必须快速奔走，在这一过程中起到助跑作用的前肢逐渐演化成了能够飞翔的翅膀。

鸟类的分类

地球鸟类从形成开始就随着时间和环境的变化发生着演化，鸟类的类型也越来越多并趋于繁复。据生物学家推测，第三纪中新世是鸟类的全盛时期，鸟类在这一时期得到了极大的发展。到了冰期来临，鸟类家族受到沉重的打击，种群骤然衰退。据估计，历史上曾经存在过大约10万种鸟类，而幸存至今的只有1／10左右。

按照不同的分类原则可以将目前已知的鸟类分成不同的类别。

依鸟类的生活环境和形体特征

突胸总目又名今颌总目，现存的鸟类大部分都属于突胸总目。

突胸总目中的鸟类都具有发达的翼，善于飞翔。胸骨具龙骨突起、充气性骨骼，锁骨呈“V”字形，肋骨上有钩状突起等特点。

按鸟类的生活环境和形体特征，可以将突胸总目的鸟类分为六大生态类群：

（1）游禽

游禽指喜欢在水面游弋的鸟类，主要包括鸭雁类、鸥类等。

（2）涉禽

涉禽指经常在滩涂、湿地进行涉水活动，但多不会游泳的鸟类。涉禽常具有腿长、颈长、嘴长的特征，主要包括鹤类、鹳类、鸻鹬类等。

（3）鸣禽

鸣禽是鸟类中进化程度最高的一个类群，主要包括雀形目鸟类。

（4）攀禽

攀禽是指适应攀缘生活的鸟类，通常趾形多为对趾足或转趾足，主要包括啄木鸟、鹦鹉等。

（5）陆禽

陆禽指大部分时间生活在地面上的鸟类，通常具有适合在地面行走的体态，一般飞行能力不强，主要包括雉类、鹑类、鸠鸽类等。

（6）猛禽

猛禽主要以其他动物为食物，具有锐利的脚爪和喙、敏锐的视觉等适应捕猎生活的特征，主要包括鹰、鹞、鹗等。

依科学分类法

目前完全依照科学分类法的鸟类分类系统主要有两种:

(1) 中国鸟类界的泰斗郑作新院士以鸟类形态学特征为基础创立的分类系统。目前这一分类系统被中国大部分鸟类研究学者所采用。

(2) 20世纪七八十年代，查理士·西伯来等人应用DNA杂交技术，对鸟类的发育系统和亲缘关系进行了反复的实验，最终以鸟类的进化过程为依据衡量了科和属之间的亲缘关系，建立了鸟类的另一种分类系统。这个分类系统较之以前应用的郑氏分类系统有着较大的调整，其中最引人关注的是扩大了鹳形目和鸦科。目前这一分类系统被中国之外的研究者们广泛采用。

鸟类的身体结构

鸟类的骨骼

鸟类的骨骼是鸟类能够自由飞翔的重要因素之一。

鸟类的骨骼通常都轻且坚固；骨片薄，长骨内中空，有气囊穿入；鸟类的骨骼通常是由许多骨片合在一起构成的，这样就在一定程度上增加了其骨骼的坚固性。

脊柱是鸟类骨骼中较为重要的组成部分，可分为颈椎、胸椎、腰椎、荐椎和尾椎五部分。

鸟类的颈椎数目较多，通常椎体呈马鞍形，这就使鸟类的颈部极为灵活，头部的转动范围约可达到180°。

鸟类的部分胸椎、尾椎以及全部腰椎、荐椎完全愈合在一起，合称综荐骨，是鸟类腰部的坚强支柱。

鸟类的肋骨上有互相钩接的钩状突，可以帮助其提高胸廓的坚固程度。

鸟类的翅膀是由其前肢进化而来的，其翅膀各骨呈直线排列，骨间有能动的关节，末端的腕骨、掌骨、指骨愈合变形，使翼扇动时成为一个整体。

鸟类的肩带由肩胛骨、乌喙骨和锁骨组成。

鸟类的锁骨呈“V”字形，细且有弹性，能在鼓翼时阻碍左右两边乌喙骨靠拢，也能增强鸟类肩带的弹性。

鸟类的整个体重都落在后肢上，因此其后肢的骨骼相对来说比较强大。和其他陆栖脊椎动物的后肢骨相比，鸟类跗骨延伸，在一定程度上增加了弹性。

乌喙骨位于锁骨稍后方，为较粗大的棒状骨。其外端与肩胛骨共同构成肩臼，内端与上乌喙骨相连。在高等哺乳动物中，乌喙骨退化为附着在肩胛骨上的一个突起，称乌喙突或喙突。

鸟类的羽毛

羽毛是鸟类特有的生理结构，是其体表表皮的角质化衍生物。鸟类的羽毛与爬行类的鳞片同源。

鸟类的羽毛通常非常轻且数量众多。根据统计，通常每只鸟的身上都会有超过2000枚羽

毛，这些羽毛的总重量约为其体重的6％。

羽毛对鸟类来说具有非常重要的意义。鸟类的羽毛能够形成隔热层，帮助其保持体温；鸟类羽毛还具有保护皮肤的作用；羽毛的颜色和斑纹就是鸟类的保护色；有些部位的鸟类羽毛还具有触觉功能。

鸟类的肌肉

肌肉是鸟类身体的发动机，约占鸟类体重的1／5。

鸟类的胸肌非常发达，能产生牵引其翅膀的强大动力。与其胸肌相比，其背部肌肉则已经退化。

鸟类的胸肌分为两种，即大胸肌和小胸肌。

鸟类的大胸肌起于龙骨突，止于肱骨腹面。当其大胸肌收缩时，就会控制鸟类的翅膀下降。

鸟类的小胸肌起于龙骨突，止于肱骨近端的背面。当鸟类收缩其小胸肌时，其翅膀就会相应地呈上举状态。

鸟类后肢的肌肉，基本上都集中在大腿的上部，以长的肌腱连到趾上。

总体来说，鸟类支配前肢和后肢运动的肌肉几乎都集中于身体的中心部分，这对其在飞翔时保持身体重心的稳定性具有重要意义。

鸟类的神经系统和感觉器官

鸟类的大脑、小脑、中脑都很发达。

由于鸟类大脑底部纹状体的增大，所以其大脑半球也相对较大，但其大脑皮层并不发达。

鸟类大脑纹状体的重要性

鸟类的大脑纹状体是管理其全部运动的高级部位，与鸟类的一些复杂的生活习性紧密相关。

曾经有人利用家鸽做过实验：如果将家鸽的一部分纹状体切除，家鸽正常的兴奋和抑制就会相应地被破坏。同时，其视觉也会受到影响，而求偶、营巢等自然的生理习性也会不同程度地丧失。

由此可见，鸟类的大脑纹状体对鸟类生存、活动以及繁衍，都有着至关重要的作用。

鸟类的小脑很发达，这种天生的生理优势，就决定了鸟类在空中飞翔时，可以保持一定的协调性和平衡性。

鸟类的中脑在背部构成一对发达的视叶。在鸟类的感觉器官中，其视觉器官起着至关重要的作用。鸟眼依靠发达的睫状肌可以迅速地调节视力，由远视改变为近视。因此，当鸟在树木中疾飞时，通常不会和树枝相碰，或由高空俯冲到地面觅食时，也能极为精准地掌握好距离，及时停住。

与其发达的视觉器官相比，鸟类的嗅觉器官就显得逊色很多。

鸟类的生理构造

鸟类的呼吸系统

研究证明，鸟类的呼吸系统非常特别，它们为鸟类飞行提供了充足的氧气。

鸟类高效的呼吸系统主要由三部分组成：①分别位于锁骨、颈以及胸前部的前气囊；②鸟类的肺部；③分别位于腹部和胸后部的后气囊。

鸟类的肺部主要负责空气的流通，鸟类的气囊主要负责存储空气。

大多数鸟类有9个气囊，其中只有锁骨气囊是单独出现的，其他的气囊都是成对出现的。

一部分鸟类只有7个气囊，如雀形目，这部分鸟类的胸前气囊和锁骨气囊是相通的，甚至是融合在一起的。

鸟类在吸气时，一部分空气在肺部进行气体交换后进入前气囊。另一部分空气经过支气管直接进入后气囊。呼气时，前气囊中的空气直接呼出，后气囊中的空气经肺呼出，又在肺部进行气体交换。

鸟类的发声器

我们经常能够在风和日丽的早上，听到窗外鸟儿的鸣声，如悦耳的音乐一般。那么鸟类为什么能够发出如此动听的声音呢？它们又是依靠什么来发声的呢？

鸟类的发声器官是其呼吸系统的一部分，位于气管底部，被称为鸣管。

与哺乳类动物一样，鸟类在其呼吸过程中，气体或进或出地通过其发声器官——鸣管，并引起震动，由此产生声音。

但与大多数哺乳动物较为单一的鸣声不同，鸟类的鸣管可以发出相对多样的声音，一部分鸟类甚至可以制造出十分复杂的声音，

甚至还能模仿人类说话，例如八哥。

当鸟类呼气的时候，储存在后气囊中的新鲜空气就会经由肺部进行气体交换，然后排出。而前气囊中储存的含氧量低的空气则不经过肺部直接排出体外。

鸟类的消化系统

几乎所有的现代鸟类都是缺齿的，其对食物的咀嚼主要靠砂囊来完成。

鸟类的消化腺很发达，主要包括肝、胰两部分，它们分别分泌胆汁和胰液并注入十二指肠，参与小肠内的消化作用。

鸟类的消化能力相对较强，其食量大且进食频率高。这与鸟类飞翔时较大的能量消耗有关。

鸟类的排泄和生殖系统

鸟类的肾脏特别大，约占体重的2％以上。如此发达的肾脏，加快了鸟类新陈代谢的速度。

鸟类没有膀胱，所以其尿中水分较少，且通常呈白色浓糊状，随粪排出，而不单独排尿。

大多数的鸟类是不具备外生殖器的。在交配前，雄鸟会将精液存储于泄殖腔乳突内的储精囊内。在交配的时候，雌鸟会将尾部偏向一旁，而雄性或从后方、或从前方、或以其他方式接近，最后泄殖腔互相接合，使精液进入雌鸟的生殖道中。这一过程发生得非常快，甚至在半秒之内即可完成。

雄鸟的精液在雌鸟体内储存的时间因种类的不同而有所差别，最短的为一周左右，最长的可以储存一年以上。鸟类的卵在离开卵巢之后会被分别受精，之后以蛋的形式产于雌鸟体外，最后由雌鸟孵化发育。